新生第一年

第一年

**0~1岁
育儿指导**

邵洁 主编

浙江科学技术出版社·杭州

U0181564

图书在版编目（CIP）数据

新生第一年:0~1岁育儿指导 / 邵洁主编. — 杭州:浙江科学技术出版社，2020.12(2024.3重印)

ISBN 978-7-5341-9380-4

Ⅰ.①新… Ⅱ.①邵… Ⅲ.①婴幼儿-哺育-基本知识 Ⅳ.①TS976.31

中国版本图书馆CIP数据核字（2020）第239893号

书　　名	新生第一年:0~1岁育儿指导		
主　　编	邵　洁		

出版发行　**浙江科学技术出版社**
地址:杭州市体育场路347号　　邮政编码:310006
办公室电话:0571-85176593
销售部电话:0571-85176040
E-mail:zkpress@zkpress.com

排　　版　杭州兴邦电子印务有限公司
印　　刷　杭州富春印务有限公司

开　　本	880 mm×1230 mm　1/32	印　张	7.75	
字　　数	180千字			
版　　次	2020年12月第1版	印　次	2024年3月第4次印刷	
书　　号	ISBN 978-7-5341-9380-4	定　价	48.00元	

责任编辑	王巧玲	**责任校对**	陈宇珊
责任美编	金　晖	**责任印务**	田　文
插　　画	张诗澜		

如发现印、装问题,请与承印厂联系。电话:0571-64361507

主　　编　邵　洁

副 主 编　莫剑敏

编　　委　（以姓氏笔画为序）

　　　　　王　霞　王银初　吕　颖

　　　　　朱冰泉　朱柳燕　许　鑫

　　　　　李明燕　陈维军　季　钗

　　　　　姚　丹　蔡樟清

出　　品　绿城儿童发展研究院

新生第一年，夯实人生的第一块基石

0~3 岁儿童早期看护和发展关系到一个国家和民族未来的整体素质，特别是出生后的第一年，作为人生第一块基石，其重要性不言而喻。国家出了专门的文件，国务院在 2019 年颁布了《关于促进 3 岁以下婴幼儿照护服务发展的指导意见》，国家卫生健康委员会（卫健委）颁布了《托育机构保育指导大纲（试行）》等文件，0~3 岁儿童的早期发展和保教越来越受到重视。在政策的引领下，社会对 0~3 岁儿童早期发展和保教的关注也达到了前所未有的高度，社会上早教中心、亲子园、托育机构等也如雨后春笋般层出不穷。

然而，0~3 岁儿童保教在快速发展的同时，也面临着一些窘境：虽有先进理念的引领但缺乏切实可行的操作方法。众多的家长、0~3 岁儿童保教相关工作者都渴求获得在方法上独辟蹊径的儿童保教书籍。

由邵洁主任主编的《新生第一年》，应该能让众多的家长、0~3 岁儿童保教相关工作者一解饥渴。

该书体现了以下三个特点：

一、在结构上，体系严谨。该书独辟蹊径，分别从 0~1 岁婴儿角度和养育者角度对婴儿的发展心理和保教要点进行了梳理，便于读者了解掌握所需的知识和技能，也方便家长和教师了解本书的意义，易于使用。

二、在内容上，突出要点。行文中突出各级标题层次，提炼重点内容，文字简洁凝练，可读性强。摒弃了大段如论文般枯燥的定义解释、阐述等，以简洁生动的语言向读者展示出生后第一年婴儿的发展及照料的核心内容，增强了文本的可读性和趣味性。

三、在形式上，图文并茂。每章都有许多精美的图画，减少了仅仅叙述理论知识的枯燥感，精心搭配的关于 0~1 岁婴儿心理发展和保教要点的图片形象生动，使人爱不释手。

读此书，有如沐春风之感，是以欣然为序。

中国学前教育委员会健康专业委员会理事

华东师范大学学前教育系教授

周念丽

2020 年 10 月 28 日于瀛星小居

让我们和孩子一起成长

做了 35 年的儿科医生，从新生儿科医生，到儿童保健科医生，孩子的纯真无邪和蓬勃的生命力，都带给我欣喜和惊讶，也是我喜欢和享受自己工作的源泉。孩子是上天赋予父母最好的礼物，虽然他们并不都是完美的。孩子以充满好奇心的、不断探索的方式全方位地感知世界，我们——孩子的爸爸妈妈、家人以及所有孩子接触的人，都是孩子认识世界的陪伴者和引导者。每个孩子都有其独特的气质个性，他期待我们对他的问题给予回答："当我（无论身体还是心智）并不那么完美的时候，你怎么对待我？""当我需要你的时候，你会有怎样的反应？"" 我可以信赖你和周围的人吗？""我可以具备怎样的能力？" ……我们的接纳、关爱、引导和尊重，将为孩子的自尊自信、对学习的兴趣和能力的获得打下基础，从而为孩子能健康成长，达到最佳潜能发展提供支持。

当我接诊不同的母亲、家庭，倾听各种各样的诉说、担忧和焦虑时，常感受到父母尤其是母亲对孩子的不同期待，也感受到了父母想了解孩子的一切，希望孩子健康成长，但又有点手足无措的心情。这也使我产生了把自己的知识和经验分享给年轻的爸爸妈妈的想法。在绿城儿童发展研究院的大力鼓励和支持下，我终于利用日常繁忙工作之余的点滴时间，将这一想法付诸行动。

神经科学和经济学研究已发现，出生后最初几年的发展影响着孩子今后一生的健康和成就，是孩子体格生长、免疫功能成熟和神经认知发育的关键时期。敏感的积极养育和认知刺激丰富的环境，是孩子体格、运动、语言、社会情绪和认知发育，乃至今后学业成就的预测指标。2018 年，世界卫生组织（WHO）等国际组织联合发布了《养育照护促进儿童早期发展框架》，明确了以"健康、营养、安全、回应性照护和早期学习"为核心内容的养育照护策略。

　　许多的科学研究和实践已为促进儿童早期发展的养育照护提供了大量的循证依据。在撰写本书过程中，Shonkoff 和 Phillips 教授所著的 *From Neurons to Neighborhoods: The Science of Early Childhood Development* 一书给了我很多启发，让我对自然和养育有了初步的理解。本书围绕健康、营养喂养、回应性养育、安全和早期学习机会五大核心内容展开，参照 WHO 关于新生儿保健，婴幼儿喂养，5 岁以下儿童身体活动、静止行为和睡眠等的最新指南，结合工作实践中经常遇到的父母会问的问题、会产生的担忧，分上、下两篇撰写。上篇按月龄顺序介绍了宝宝各月龄段的生长发育、营养喂养、日常照护特点，同时提供了符合月龄的交流玩耍指导；下篇包括营养补充、睡眠行为、常见生理和疾病问题、健康管理、心理发展、玩具选择和注意事项等方面内容。真诚希望年轻的父母和孩子的其他照护人能在本书中获得有价值的信息，能充满信心地为孩子提供支持的、温暖的养育环境，陪伴并引导孩子学习身体、认知、社交、自我调控等相关的各种技能，让孩子身心健康并达到最佳潜能发展。

　　让我们和孩子一起成长。

邵洁

2020 年 10 月 22 日　杭州

上 篇 宝宝一点儿一点儿在长大

下 篇　　**克服育儿的烦恼**

第八章 了解 0~1 岁宝宝健康管理

第九章 让宝宝的心理健康发展

第十章 陪伴宝宝交流玩耍

上 篇

宝宝
一点儿一点儿
在长大

从软糯糯的新生儿，到牙牙学语、蹒跚学步的小小孩，在宝宝人生的第一年里，爸爸妈妈将与他一起，经历很多个第一次。第一次抬头，第一次翻身，第一次爬，第一次站，第一次走路，第一次喊爸爸妈妈……宝宝在给你一个一个惊喜的同时，也让你与他一起，经历一次一次的成长。

　　这些成长的碎片，最终都会凑成爸爸妈妈与宝宝的共同记忆，关于成长的记忆。

　　准备好了吗？让我们与宝宝一起，迎接新生第一年！

第一章

0~3 月龄宝宝

新生宝宝生长发育特点

宝宝出生之后，爸爸妈妈最关心的便是他的生长发育了。每个宝宝都是独一无二的，都有自己的生长发育轨迹。也就是说，在正常范围内，宝宝与宝宝之间会有个体差异。

影响宝宝生长发育的因素主要是遗传和环境两大因素。环境因素主要包括营养（包括在母亲宫内的营养）、疾病、养育环境等。遗传决定了宝宝生长发育的潜力，环境因素对这种潜力的发挥起着重要的调节作用。充足而均衡的营养是宝宝生长发育的物质基础。如果宝宝在宫内生长受限，不仅体格生长、成年后的身高可能受到影响，而且大脑的发育也会受到影响。母亲患妊娠糖尿病或者宝宝出生后头一年长得过快、过于肥胖，也会增加宝宝成年后患糖尿病、冠心病和高血压等的风险。缺铁会影响宝宝大脑的认知发育。某些疾病，比如反复呼吸道感染、先天性缺陷或先天性疾病等，对宝宝生长发育的阻碍更是明显。良好的养育环境，如良好的居住条件，清洁的水源，完善的医疗保健服务，温暖而有教养的家庭、社区氛围，充足的身体活动和锻炼等都是促进宝宝生长发育的重要因素。

新生宝宝的体格生长

足月宝宝出生体重在 2.5~4 千克（平均 3 千克），身长在 47~52 厘米（平均 50 厘米），头围在 32~34 厘米，前囟门大小约为 1.5 厘米 × 1.5 厘米。

宝宝出生后最初几天由于胎粪排出、吃奶较少等原因，体重会有所下降（下降 3%~9%）。此为生理性体重下降，宝宝会在出生后 7~10 天恢复至出生时体重。新生儿期也是婴儿期体重增长最快的阶段，是宫内生长的延续。一般宝宝在第一个月体重可增加 1~1.7 千克，身长可增长 4~5 厘米。至满月时，宝宝体重可达 4~5 千克，身长可达 52~57 厘米。

　　上文提到的宝宝出生时的体格生长数字只是平均值，有的宝宝在宫内营养比较好，出生后生长会相对缓慢，并沿着自己的生长轨迹生长；也有的宝宝早产或者出生时体重较轻，出生后生长较快，以追赶同年龄的足月宝宝。每个宝宝会在出生后的 6~12 个月内形成自己的生长轨迹。

　　监测宝宝的生长速度要比单次测定宝宝的体重和身长更为重要。因此，要给宝宝建立生长曲线图（绘制方法参见本书第 204 页），定期测量，只要宝宝的生长情况与生长曲线相匹配，就没有必要过分担忧。

新生宝宝的功能发育

　　在宝宝出生的第一天，爸爸妈妈可能都不愿意将目光从他身上移开。宝宝的手臂和双腿弯曲着，手握成拳，身体扭动或伸展，小小的手臂和腿也会伸展或舞动一下。新生宝宝还有其他许多让人惊讶的生活本领：

❶ 宝宝可以利用嗅觉和味觉将妈妈的奶和其他液体区分开来，他喜欢甜味，闻到、尝到酸或苦味时会皱眉头。

❷ 宝宝的眼睛还不能调焦，但能清楚看到距离自己 20 厘米左右的物品，也就是说，宝宝在吃奶时可以清楚地看见妈妈。他喜欢追随人脸，

尤其是妈妈的笑脸，还喜欢看颜色鲜艳、纯正的玩具和差别鲜明的线条图，如红球、黑白分明的靶心图。

❸ 宝宝对声音已有定向能力，喜欢听妈妈的心跳声和高调的声音，尤其是妈妈的声音，听到悦耳的声音时会变得安静。

❹ 新生宝宝最重要的感觉可能是触觉，他喜欢被毛毯或手臂环绕的温暖感觉，轻柔抚触和拥抱可以使宝宝感到舒适和安全。

❺ 宝宝会用哭声与爸爸妈妈交流，表达需求。他会因尿湿、饥饿、不适而哭闹，也会因为需要陪伴和关注而啼哭。爸爸妈妈要细心体会宝宝的哭声，做出适当反应。

❻ 当你用柔和、高调的声音和宝宝说话时，宝宝会睁开双眼看着你。你会非常惊讶地发现，宝宝会追随你的脸和声音，小嘴一张一合，甚至会微笑，会模仿你的表情。

邵医生提醒

要与宝宝多说话

　　新生宝宝已经具备了看、听、感知和学习的能力。记住，无论是宝宝哭闹时还是给宝宝换尿布、洗澡、喂奶时，都要和他说话哦。

1~3 月龄宝宝生长发育特点

1~3 月龄宝宝体格生长

满月后的宝宝在出生后前 3 个月内仍处于快速生长期，每月体重将增加 0.7 千克左右，每月身长将增加 2.5~4 厘米，每月头围将增加 1.25 厘米左右。至 3 月龄时，宝宝的体重为 5~7 千克（平均为 6.2 千克），达到出生时体重的 2 倍；身长为 59~64 厘米（平均为 62 厘米），较出生时增加了 12~13 厘米；头围约 40 厘米，较出生时增加了 6 厘米左右。当然，这些数字只是平均值，每个宝宝都是独特的个体，都有自己的生长轨迹。

防止宝宝生长过速

有的宝宝食量很大，长得很快。对于这类宝宝，妈妈要注意以下几点：

❶ 注意培养宝宝进食的规律性，控制喂养次数。一般 1~3 月龄宝宝母乳喂养的次数为 7~8 次／日，配方奶喂养的次数为 6~7 次／日。

❷ 了解宝宝需求，避免频繁喂养。以语言应答宝宝的哭闹，根据宝宝的需求（如尿湿了，要与妈妈互动交流了）给予相应的回应，避免每次哭闹均以喂养抚慰。根据宝宝的需求进行抚慰，多与宝宝玩耍交流。

❸ 坚持纯母乳喂养，不添加配方奶。生长过速，尤其是配方奶喂养导致

的生长过速，会增加宝宝成年后肥胖及患糖尿病、高血压等代谢性疾病的风险。

关注囟门和头颅的发育

宝宝的大脑在出生后的前 3 年发育最快。出生时宝宝前囟门直径为 1.5~2 厘米。之后，囟门会随着大脑和颅骨的发育而有所增大，6 个月后逐渐骨化而变小，在宝宝 12~18 月龄时闭合。

宝宝的囟门很重要，有时是疾病的指征。囟门过小或早闭可能会影响脑部发育，迟闭或过大可能是佝偻病、先天性甲状腺功能低下的征兆，前囟门大而饱满时也要警惕脑积水等。有个别宝宝前囟门会早至 4~6 月龄时闭合，有的会迟至 2 岁后闭合。前囟门过早或过迟闭合都应去看医生。如诊断后排除了疾病的可能性，则不用过度担心。爸爸妈妈应注意定期监测宝宝的头围增长和发育情况，保证充足营养，多和宝宝交流玩耍，让宝宝发挥最佳潜能。

前囟门

1~3 月龄宝宝功能发育

在这个时期，宝宝将完成从完全依赖到主动反应的戏剧性转变。许多正常的新生儿反射（如握持反射等）将消失，宝宝将获得更多对于身体的自主控制。

颈部力量增强

颈部力量增强是宝宝发育的重要标志之一。俯卧位时，2 个月前的宝宝可以挣扎着抬头 1~2 厘米，到 3 月龄时，宝宝已能用肘部支撑着抬起头和胸部，竖抱时，宝宝的颈部也可以稳稳地支撑头部，不再软软地靠在妈妈的肩上了。宝宝握拳的手张开了，他会凝视自己的手，会用手挥打铃铛；他的双腿也变得更加强劲而主动，也会从侧卧位翻回到仰卧位。

新生宝宝的颈部还比较无力

1~2 月龄宝宝可以挣扎着抬头 1~2 厘米

3 月龄的宝宝已经能用肘部支撑着抬起头和胸部，宝宝的视野更加开阔了

视觉进一步发育

宝宝的视觉器官在胎儿时期已经基本发育成熟，0~3 月龄宝宝的视觉最佳距离在 20 厘米左右，相当于母亲抱宝宝喂奶时母亲的脸和宝宝的脸之间的距离。随着宝宝的成长，3 个月后宝宝的眼睛已能调焦、追踪物体，视物更加清晰，对于颜色的区分也更加敏锐。宝宝会专注地观察你的面孔，追踪在他面前半周视野内移动的物体。

能识别声音

这个时期的宝宝会逐渐学会识别你的声音，头会转向发出声音的地方，当看到你或听你说话时他会露出微笑，还会咿呀回应你的话。当你撇嘴、张口做怪相时，宝宝还会模仿你。

邵医生提醒

应加强宝宝的头部控制练习

2~3 月龄的宝宝，颈部力量进一步增强，要多给宝宝学习头部控制的机会。爸爸妈妈要多竖抱宝宝，让宝宝每天俯卧 30 分钟以上（可分次进行，只要总时间达到 30 分钟以上即可）。

0~3 月龄宝宝的喂养

 ## 母乳喂养越早越好

在历经阵痛后听到新生宝宝响亮的哭声，妈妈的内心充满了欣喜和自豪，期待着为宝宝提供全部的母爱和充足的营养。这时，妈妈的乳房胀胀的，已经为宝宝准备了最好的新生礼物——初乳。

产后 5~7 天内的乳汁称为初乳。初乳营养丰富，脂肪含量少而蛋白质含量多，富含免疫球蛋白、脂溶性维生素 A、维生素 E 和维生素 K，牛磺酸和矿物质的含量也较丰富。初乳还含有初乳小球，内含充满脂肪颗粒的巨噬细胞和其他免疫活性细胞，对新生宝宝度过生命最初的一周及抗感染十分重要。

虽然分娩让妈妈非常疲劳，但宝宝柔软、粉嫩的身体会让妈妈的疲劳和疼痛烟消云散，让妈妈充满母爱。只要妈妈和宝宝都是健康的，不需要医生的紧急治疗和处理，妈妈就应该尽快与宝宝进行肌肤接触。

世界卫生组织（WHO）提倡新生儿出生后应尽早进行母乳喂养。应让新生宝宝趴在妈妈两侧乳房中间，与妈妈进行皮肤接触，一旦宝宝出现觅乳征象，如流口水、张大嘴、舔嘴唇、有寻找爬行动作时，即可开始给宝宝进行母乳喂养。

母乳喂养的好处

母乳是妈妈带给新生宝宝最好的礼物。母乳不仅喂养起来简便卫生，而且满足 6 月龄内足月宝宝生长发育的所有营养需求，是宝宝最理想的均衡食物。除营养素外，母乳中还含有许多具有重要功能的物质，包括激素、表皮生长因子、胆盐刺激的脂肪酶、核苷酸、免疫相关物质（如分泌型免疫球蛋白 A、白细胞、乳铁蛋白、α - 乳清蛋白、低聚糖等），这些生物活性物质对宝宝近期和远期的健康均有益。母乳喂养对妈妈的产后恢复和健康也有很大好处，有利于妈妈恢复体形，降低乳腺癌发病风险。此外，母乳喂养还有以下优势：

有利于宝宝的大脑发育

母乳中含有丰富的优质蛋白——α - 乳清蛋白，不仅易于消化吸收，更含有婴儿大脑发育必需的氨基酸（如赖氨酸、色氨酸等）、脂肪酸、神经节苷脂等营养物质，还有很多生物活性物质，有益于宝宝大脑的发育。

有助于宝宝肠道菌群的建立

母乳富含的低聚糖和其他活性成分，可以帮助宝宝建立以双歧杆菌为主的肠道微生态，有助于宝宝免疫功能的发育和成熟；母乳中丰富的免疫活性物质，具有独特的抗病免疫功能，可以帮助宝宝抵抗外来病原，减少呼吸道和胃肠道感染，使宝宝健康成长。

降低宝宝死亡率和发病率

母乳喂养可以减少婴儿猝死综合征、过敏性疾病和白血病的发生，降低宝宝成年期代谢性疾病（如糖尿病、肥胖和高血压等）的发病风险。

增强母子感情交流

母乳喂养可以让宝宝与妈妈进行亲密的情感交流，有利于宝宝情绪和社会认知的发展。

> **邵医生提醒**
>
> **纯母乳喂养宝宝不需要添加水和其他任何食物**
>
> 除了喂养母乳外，新生宝宝在出生 2~3 天后需每天补充维生素 D 400 国际单位（IU），不需要添加水和其他任何食物。妈妈要有充分的自信，相信自己能为宝宝提供充足的营养丰富的乳汁。

怎样让妈妈有充足的乳汁

很多妈妈会担心自己的乳汁不够，不能满足宝宝的生长发育需要。其实，这种担心常常是多余的。那怎么才能让妈妈有充足的乳汁呢？

按需哺乳

宝宝的吸吮是促进母乳分泌的最好方法。宝宝吸吮时可使妈妈大脑产生反射，刺激催乳素的分泌。一般情况下，不分昼夜地给宝宝喂奶，每日不少于 8 次，可促进乳汁分泌。

排空、按摩乳房

一般情况下，每侧乳房喂养 10 分钟左右即可排空 90% 以上的乳汁，妈妈应喂空一侧乳房，再喂另一侧，下次哺乳则从另一侧乳房开始。

哺乳前热敷乳房，从外侧边缘向乳晕方向轻拍或按摩乳房，可促进乳房血液循环和泌乳。

充分休息，合理营养

哺乳前，妈妈可喝一些热饮料，平时也要多喝水，保证乳汁分泌。重视哺乳期营养，注意膳食平衡，保证优质蛋白和钙的摄入，如每日肉、鱼类 150~200 克，鸡蛋 1 个，豆制品 50~100 克，蔬菜 500 克，水果 200~400克，粮谷类 300~400 克，植物油 25 克，坚果类食物 10 克，食盐不超过 6 克，牛奶 500 毫升。建议每周吃 1~2 次动物肝脏（总量为 85 克猪肝或 40 克鸡肝），至少每周吃 1 次海鱼、海带、贝类等海产品，保证乳汁中的碘和 DHA 含量。

母乳喂养的方法

等待哺乳的宝宝应该处于清醒状态，有饥饿感，并已换上干净的尿布。哺乳前，妈妈应用肥皂和流水洗净双手，用干净的毛巾或纱布擦净乳房、乳头，让宝宝用鼻推压或舔母亲的乳房。哺乳时，宝宝的气味、与宝宝的身体接触都可刺激妈妈的射乳反射。哺乳姿势有斜抱式、抱球式、卧式等。无论用何种姿势，都应该让宝宝的头和身体呈一条直线，让宝宝的身体贴近母亲，头和颈得到支撑。

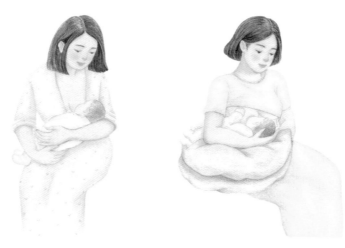

斜抱式哺乳　　　　　　　　　　抱球式哺乳

卧式哺乳

宝宝正确的含接姿势是下颏贴在乳房上，嘴张得很大，将乳头及大部分乳晕含在嘴中，下唇向外翻，嘴上方的乳晕比下方多。如果宝宝慢而深地吸吮，发出吞咽声，表明含接姿势正确，吸吮有效。哺乳过程中，妈妈还应注意和宝宝的眼神交流，鼓励他认真吃奶。

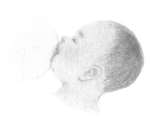 

正确的含乳方式　　　　　　　　　　错误的含乳方式

 哺乳次数

0~3月龄宝宝应按需哺乳，每天喂养8次或8次以上。一般足月宝宝2~3小时喂养一次，每次喂养时间应在20分钟以内。

如果间隔时间少于1小时就需要哺乳，或每次吃奶时间超过半小时宝宝还没有表现出吃饱后心满意足的样子，则可能母乳不足，可采用补授法，即每侧乳房喂养10分钟后，乳房空虚但宝宝还在吸吮，可补授配方奶。但每次还是应先母乳喂养，可有效刺激妈妈的乳汁分泌。

母乳喂养成功的关键

❶ 早开奶，宝宝出生后 1 小时内即可吸吮母乳。

❷ 按需哺乳，宝宝 3 个月以后逐渐转为规律喂养。

❸ 宝宝出生后 6 个月内，应坚持纯母乳喂养。

❹ 从宝宝出生后 2~3 天开始，补充生理需要量的维生素 D，具体剂量为 400 IU/ 日。

母乳的保存方法

　　妈妈外出、上班或母乳过多时，可将乳汁挤出，存放至干净的容器或特制的乳袋，并妥善保存在冰箱中。不同温度下的母乳储存时间可参考表 1-1。将储存的母乳拿出来喂养前，应先用温水将母乳加热至 40℃左右再喂给宝宝吃。

表 1-1　母乳储存方法

储存条件	最长储存时间
室温（25℃左右）	4 小时
冰箱冷藏室（4℃左右）	48 小时
冰箱冷冻室（-20℃左右）	2~3 个月

怎样才能知道宝宝吃饱了

母乳喂养的妈妈看不到宝宝吃了多少奶，因此常常会担心宝宝没有吃饱。那如何判断宝宝吃饱了呢？一般宝宝吸吮 10 分钟即可吸空一侧乳房约 90% 的乳汁。因此，当妈妈奶量充足时，宝宝每次吃奶时间不会超过 20 分钟，吃完后会表现得满足、安静，很快就会甜甜入睡；吃饱后宝宝需 2~3 小时胃才能排空，在下一次喂奶前不会不停地哭闹，而且体重增长良好。

以下几点也可以帮助妈妈判断母乳是否充足：

1. 哺乳前妈妈乳房有胀满感，哺乳后乳房较柔软。
2. 宝宝有深而慢的吸吮、吞咽动作或吞咽声。
3. 每次哺乳时间不超过 20 分钟，哺乳后宝宝满足地放弃乳头，踏实而安静地入睡，哺乳间隔时间在 1.5 小时以上。
4. 宝宝每日小便次数在 6 次以上，大便每日 2~3 次。
5. 最关键的是，宝宝体重增长良好。一般头 3 个月体重每月增加 700~800 克，此后速度有所减慢，4~6 个月每月增加 450~600 克，7~12 个月每月增加 200~400 克。体重增长曲线走向与生长曲线图一致。

邵医生提醒

什么情况下不能母乳喂养

我们鼓励母乳喂养，只有当妈妈正接受化学药物治疗（化疗）或放射治疗（放疗），患活动期肺结核未经治疗，患乙型肝炎而新生宝宝出生时未接种乙肝疫苗及乙肝免疫球蛋白，或者妈妈有艾滋病感染、乳房疱疹、吸毒等情况时，才不能进行母乳喂养。妈妈患其他传染性疾病或服用药物时，应咨询医生。

配方奶粉的选择

当妈妈确实母乳不足或者因为疾病不能进行母乳喂养时，对于1岁内的宝宝，必须采用婴儿配方奶粉作为母乳替代品。

婴儿配方奶粉应在功能上模拟母乳，满足宝宝从单一食品中获得所有营养素的需求，包括蛋白质、碳水化合物、脂肪、各种矿物质（如锌、铁、钙）和维生素等。绝大多数配方奶粉以牛乳蛋白为基质，模拟母乳的蛋白质含量和构成进行调配，降低酪蛋白含量，增加乳清蛋白含量，使其易于被婴儿消化吸收；模拟母乳脂肪酸构成，添加母乳水平的必需脂肪酸（如α-亚麻酸）和长链多不饱和脂肪酸，如花生四烯酸和二十二碳六烯酸（DHA）；添加足够的乳糖和婴儿必需的微量营养素，并降低牛乳中的矿物质含量，以满足婴儿肠道渗透压和肾溶质负荷的要求。经过调配后的婴儿配方奶粉，其主要营养成分接近母乳，更符合婴儿的生理条件和胃肠道消化能力，可以满足宝宝生长发育需要，但其功能仍不可能完全达到母乳水平，缺乏母乳中的免疫物质、活性因子等。

那怎么选择婴儿配方奶粉呢？爸爸妈妈应注意以下几点：

❶ 注意查看标签、生产日期和保质期等。

❷ 选择具有国食注册号的婴儿配方奶粉，不要选择其他配方奶粉甚至蛋白固体饮料。

❸ 仔细查看营养成分表和冲调方法。奶粉外包装上应有含能量、蛋白质、脂肪、碳水化合物、维生素和矿物质的营养成分表，并模拟母乳添加了α-亚麻酸、二十二碳六烯酸（DHA）、花生四烯酸、核苷酸等成分。

邵医生提醒

请选择合适的配方奶粉

　　为了宝宝能更好地生长发育，妈妈们应尽可能母乳喂养。如必须添加配方奶粉，请选择正规的婴儿配方奶粉。应首选以牛乳为基质的配方奶粉，有牛乳蛋白过敏家族史的宝宝，可选择水解蛋白婴儿配方奶粉。

配方奶粉的喂养方法

　　新生宝宝胃容量较小，出生后 3 个月内可不定时喂养，约 3 小时喂一次。3 个月后开始定时喂养，每 3~4 小时喂一次，约 6 次 / 日，允许每次奶量有波动。不同月龄宝宝的配方奶喂养量可参考表 1-2。

表 1-2　不同月龄配方奶喂养量

婴儿月龄	每日喂养次数	配方奶量（毫升 / 次）	每日配方奶总量（毫升）[1]
新生儿（0~1 月）	8	45~90	480
1~2 月	7	90~120	630
2~4 月	6	120	720
4~6 月	5~6	150	900

　　1. 每个宝宝的进食量会有波动，且存在个体差异，此处提供的是大致的范围，爸爸妈妈切勿刻板理解。

冲调方法

　　配方奶粉的冲调步骤大致如下：

❶ 在调配奶粉前，应洗净双手。

② 选用煮沸消毒后的干净奶嘴、奶瓶。

③ 为避免微生物感染，建议使用40℃的温开水冲调奶粉。

④ 严格按照产品说明按比例配制，避免过稀或过浓；不额外加糖。

⑤ 配制好的奶液应立即食用，在空气中的静置时间不能超过2小时，未喝完的奶液建议尽快丢弃。

⑥ 喂养后应尽快清洗奶嘴、奶瓶，再次使用前应煮沸消毒。

水的选择

白开水或天然饮用水是天然淡水经煮沸或工厂处理，去除有害微生物后的饮用水，被称为生命之水。它具有人体所需要的矿物质，适合人体自然内环境。矿泉水则含有多种矿物质，其矿物质含量与水源有关，某些矿物质含量可能超过婴幼儿生理需求，婴幼儿不宜长期饮用。纯净水在加工过程中不仅去除了悬浮物、细菌等有害物质，而且也将水中含有的人体所需要的矿物质一并去除，也不适合婴幼儿长期饮用。

因此，爸爸妈妈在购买饮用水，尤其是长期饮用的水时，应注意区别是天然饮用水、矿泉水还是纯净水，同时注意水源地。

喂养方法

注意选用适宜的奶嘴，避免奶孔过大或过小。奶孔大小以乳汁能缓慢连续滴出为宜。在宝宝清醒时喂哺，喂哺前先将奶液滴在自己的手背或腕部内侧试一下奶液温度。喂奶时环抱宝宝，奶瓶的位置与宝宝下颌成45°，奶液应充满整个奶嘴，避免宝宝吸入过多空气。喂奶时要注意观察宝宝的吸吮、吞咽情况，并和他进行眼神交流。

🍼 特殊配方奶粉的选择

宝宝若有特殊情况或疾病，如早产、低体重，需要强化营养以实现追赶生长，或有牛乳蛋白过敏、消化道疾病或遗传代谢性疾病等，则要使用适合宝宝情况且有特殊医学用途的配方奶粉。妈妈们要注意的是：

❶ 应在专业医生的指导或推荐下使用特殊配方奶粉，1 岁以内宝宝一定要用婴儿配方奶粉。

❷ 早产儿、低出生体重儿（出生体重小于 2500 克的宝宝）要在医生指导下使用早产儿配方奶粉，因为早产儿配方奶粉根据早产儿的生长发育需求强化了能量、蛋白质、维生素（如维生素 A、维生素 D）和矿物质（如钙、铁）等的含量。若早产儿体重追赶到了一定程度，则应在医生指导下转换至普通的婴儿配方奶粉，同时继续补充钙、铁和维生素，做到既有助于早产儿达到最佳生长效果，又避免因生长太快增加成年期代谢病，如肥胖、糖尿病等的发生风险。

❸ 有牛乳蛋白过敏家族史或已确诊为牛乳蛋白过敏的宝宝，应在医生指导下，根据情况选用深度水解蛋白配方奶粉或氨基酸配方奶粉。待宝宝免疫功能逐渐发育完善，再在医生的指导下过渡至适度水解蛋白配方奶粉，最后转换至普通配方奶粉，使宝宝产生免疫耐受，逐步适应牛乳蛋白。

❹ 当宝宝被确诊患有其他疾病如苯丙酮尿症或乳糖不耐受时，要在医生

的建议和指导下，使用相应的低苯丙氨酸或无乳糖配方奶粉。

❺ 有中、重度营养不良或基础疾病的宝宝，应在医生指导下选用高能量的全营养配方奶粉。但这些特殊配方奶粉营养全面、能量高，健康宝宝食用后容易肥胖，会影响他成年后的健康状况。

总之，建议爸爸妈妈在医生的指导下，选择特殊医学用途配方奶粉。

宝宝是否需要额外喂水

母乳可以提供宝宝生理需要的水分，因此母乳喂养宝宝不需要额外喂水。因为母乳最利于宝宝消化吸收，母乳的渗透压与体液渗透压相仿，这样宝宝的肾脏负担最轻，不需要浓缩尿液排出溶质负荷，也不需要稀释尿液排出过多摄入的水分。现在的婴儿配方奶粉从功能上模拟母乳，只要按照说明要求冲泡，不过浓或过稀，其渗透压也与母乳相仿，因此配方奶粉喂养的宝宝也不需额外喂水。

另外，当宝宝腹泻时，母乳也是宝宝补充液体的最好来源。

0~3 月龄宝宝的照护

如何给新生宝宝保暖

新生宝宝出生后的保暖工作很重要，尤其是出生体重低于 2500 克的低出生体重宝宝和早产宝宝。卧室应安静清洁，空气流通，阳光充足，避免对流风。室内温度宜维持在 22~26℃，湿度适中。在给宝宝换尿布、更换内衣时应先将衣物加温。

出生体重低于 2500 克的宝宝和早产宝宝应尽早采用袋鼠式母亲护理保暖和皮肤接触，有利于宝宝的生长发育。

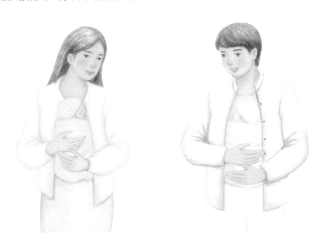

袋鼠式母亲护理保暖和皮肤接触

当室温在 22~26℃时，宝宝可仅穿尿裤，头戴帽子，穿上袜子，直接与妈妈皮肤接触；如室温低于 22℃，可给宝宝穿上无袖开襟的小布衫，使其脸、胸、腹和四肢能直接与妈妈皮肤接触。如妈妈不能进行袋鼠式护理保暖，也可让爸爸来代劳。

如何给新生宝宝穿衣

新生宝宝衣着应干爽、宽松，质地柔软，内衣最好是纯棉的。宝宝在出生后头几天应戴上绒布小帽子，尤其是体重轻的宝宝。不宜穿着包裹很紧或质地硬、刺激娇嫩皮肤的衣物，如化纤衣服、毛衣等。夏季应避免室内温度过高。夏季环境温度过高，如果衣被过厚或包裹过紧，易使新生宝宝出现白色的汗疱疹，甚至发热。

外衣应根据季节调整，厚薄与成人相仿，应宽松、柔软。一般可选择适合穿脱、方便更换尿布的连衣裤，避免腹部、胸部有松紧带或绑带束缚的衣物，以免影响宝宝的生长发育。

邵医生提醒

新生宝宝穿衣要点

新生宝宝穿衣应宽松柔软、清洁，不能捂。保暖应适宜，否则会导致汗疱疹，甚至因感染而导致脓疱疹。不要给宝宝戴手套，让他自由、尽情地触摸、感知世界。

如何抱新生宝宝

　　新生宝宝的头部控制能力还没有发育完全，在抱新生宝宝时要注意避免宝宝的头部左右或前后晃动。同时，新生宝宝的皮肤触觉非常灵敏，他们喜欢紧贴身体的温暖怀抱，尤其喜欢靠在妈妈左侧胸前，此时宝宝可以感受到妈妈的心跳，会安静下来并集中注意力。

❶ 用仰卧式抱宝宝时，注意环抱他，以臂弯支持宝宝的头颈部，可以与宝宝对视。

❷ 用直立式抱宝宝时，让宝宝竖靠在肩上，并用手支持宝宝的头颈部。

❸ 在面对面抱宝宝时，也要用手掌支持宝宝的头颈部。可以在距离宝宝20~30厘米处和宝宝对视、说话，甚至让宝宝追踪你慢慢移动的脸。

❹ 其他抱法还有摇篮式抱、俯卧式抱或足球式抱等。

仰卧式抱　　　　　　　　　　直立式抱

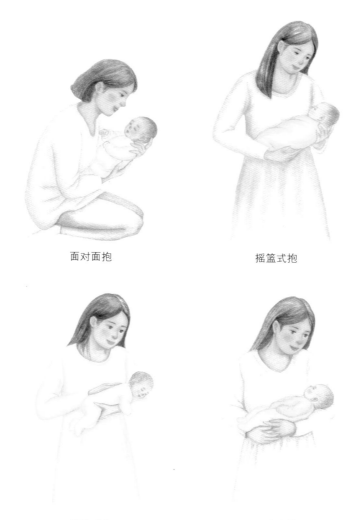

面对面抱　　　　　　　　摇篮式抱

俯卧式抱　　　　　　　　足球式抱

宝宝的皮肤护理

宝宝的皮肤娇嫩，可早晚用蘸水的柔软毛巾或纱布团轻柔擦洗一次。先从眼角内侧向外轻拭双眼，再擦洗口鼻，再擦洗前额、两颊、下颌，最后擦洗耳朵和颈部。对溢乳或流口水的宝宝，应随时洗净下颌和颈部的污物。

每次换尿布后应注意轻柔擦洗宝宝的私处和臀部，保持干爽。每天清洗两次，用专门的柔软毛巾轻柔擦洗。注意应先洗外阴再洗臀部和肛周。

护理宝宝时，应特别注意宝宝的颈部、腋窝、腹股沟等皮肤皱褶部位，还有宝宝握拳的小手。在洗脸的同时注意检查并轻柔擦洗皮肤皱褶部位，打开宝宝手掌用温水清洗、擦干。保持皮肤清洁、干爽，清洗后用油性婴儿护肤品保护皮肤。

宝宝的脐部护理

新生宝宝的脐部护理非常重要。此处潮湿且营养丰富，容易发生细菌感染。脐带残端一般在出生后 3~7 天脱落，平时要注意保持脐带根部的清洁和干燥，可每天用温开水清洁脐部周围并擦干。

脐带残端脱落后一般不用纱布或其他东西覆盖，可将干净衣服松松地覆盖于脐部，将尿布折叠于脐部下方；仅在脐部不干净时，用冷开水和肥皂清洗后彻底擦干；如有少许黏液，可用聚维酮碘消毒；如有脐轮红、脓性分泌物或硬结，应及时看医生。

错误的尿布穿法　　　　　　正确的尿布穿法

指甲的修剪

　　这个年龄段的宝宝指甲长得快，可以每周剪一次。修剪的最佳时机是宝宝洗澡后安静地躺在床上或睡熟的时候。可使用婴儿专用指甲剪或钝鼻指甲剪。指甲应修剪得短而光滑，以免宝宝抓伤自己或他人。不要给宝宝戴手套，宝宝衣服的袖子也不能过长，以免影响宝宝手的自由活动和抓握，影响宝宝手的感知觉和精细动作的发展。

　　婴儿的脚指甲一般 1 个月修剪 1~2 次。婴儿的脚指甲非常软，有时看起来好像生长在肉中一样，爸爸妈妈没有必要过分担忧。但如果指甲旁皮肤组织红肿，应警惕有甲周炎症，及时去看医生。

如何给宝宝洗澡

尽量用清水洗澡，水温以略高于体温为宜，妈妈可先用自己的手肘试水温。给新生宝宝洗澡时，应该用手托住宝宝，以保持脐部干燥；洗完后立即用毛巾擦干，尽量不涂爽身粉，以防出汗后粉末结成块而刺激皮肤。皮肤皱褶部位如颈部、腋窝、腹股沟、臀部及外阴等部位更要认真清洗，洗后涂少许鞣酸软膏或呋锌油等保护皮肤。

夏天天气炎热，宝宝出汗多，可以每天洗 1~2 次澡；其他季节由于环境温度较低，如家庭有条件使室温保持在 24~26℃，亦可每天洗一次澡，如不能保证，则可每周洗 1~2 次澡。

常用温水擦洗颈部、腋下、腹股沟等皮肤皱褶处，并在每次大、小便后，用温水擦洗臀部及会阴部，以保证宝宝舒适、干净。

给新生宝宝洗澡时，应该用手托住宝宝，保持脐部干燥

洗澡

肥皂方方像块糕，
用水搓搓起泡泡。
脱掉衣衫水里泡，
舒舒服服洗个澡。
洗完澡，全身爽，
闻闻宝宝香味道。
小猫过来"喵喵喵"：
"给我洗洗好不好？"

（莫剑敏　创作）

眼屎、鼻屎和耳屎的清除

眼屎的处理

新生宝宝的眼部分泌物较多，每天早晨给宝宝洗脸时，可以用婴儿专用毛巾蘸温开水从眼内角向外轻轻擦拭。如果分泌物很多或呈脓性，或者有流泪、眼部发红等症状，应及时带宝宝就医。不要自行给宝宝使用眼药水或眼药膏，因为有些药物不适合婴儿使用。

鼻屎的处理

宝宝鼻腔小，毛细血管丰富，容易鼻塞。一般情况下，不要随意抠挖宝宝的鼻腔。当宝宝有鼻痂堵塞鼻腔或有张口呼吸时，可用温水或生理盐水蘸湿捻细的药棉，将药棉伸进宝宝鼻腔轻轻转动几下再取出药棉，常可将鼻痂带出。也可以往鼻腔滴入 1~2 滴温水或生理盐水，使鼻痂湿润，再轻揉鼻子，当宝宝打喷嚏时就可以将变软的鼻痂带出。

耳屎的处理

每次洗脸或洗澡后，用毛巾轻轻擦拭外耳道及外耳，不要用棉签清洁外耳道，也不要给宝宝挖耳耵。如发现大块的耳耵，或宝宝抓挠外耳伴哭闹，或宝宝外耳道红肿甚至有脓性分泌物等时，请及时带宝宝去看耳鼻咽喉科医生。

学会辨别宝宝的哭声

哭声是宝宝与爸爸妈妈交流的方法之一。学会敏感地判断宝宝的哭声，并根据宝宝的需要和渴望做出相应的反应，是爸爸妈妈需要掌握的重要养育技能之一。因为早期的交流对宝宝的情绪认知和社交能力发展都有重要作用，是宝宝建立安全依恋关系的基础。

怎么判断宝宝的哭声呢？只需要每天细心的观察，你便会发现宝宝的哭声代表他不同的需要。

急切的需要

当宝宝感到饥饿或有冷、湿等不舒适感觉和外界刺激时，哭声是用来寻求帮助、缓解紧张的。例如宝宝饥饿时的哭声通常短促而低调，并且高一声，低一声；宝宝疼痛和痛苦时的哭声常突然发生，长而高调。

让我独处

宝宝一天中总有一个很挑剔的时期，即使他不饿、没有不舒服和疲劳感，也仍然爱闹，可能宝宝不知道自己想要什么。试着和他玩耍、唱歌、说话，轻摇宝宝和散步有时也会有效。有时你怎么做都不能安慰到他，但过一会儿就好了。这种难以控制的哭闹似乎有助于宝宝消耗过剩的精力，帮助他顺利转入更加舒适的状态。许多宝宝不哭闹就不能入睡，那就让他独处或哭闹一会儿，他会很快入睡的。

疾病的信号

如果宝宝的哭声尖、长而高调，无论怎么做都没有缓解，同时宝宝还有不愿进食、呕吐等其他征象，则应注意宝宝是否生病了。这时要及时测量宝宝体温，并及时带他去看医生，检查是否有感染、肠套叠、腹泻、食物过敏、胃食管反流、嵌顿疝甚至神经系统疾病（如颅内出血）等医学问题。

学会回应宝宝的哭声

哭声是宝宝和你交流的语言。最初的几个月，无论宝宝何时哭闹，爸爸妈妈最好立即做出反应。当然，这种反应并不是一哭就抱，首先要准确了解宝宝的需求。

如宝宝饿了、尿布湿了，应该先用语言应答，然后更换尿布，洗手后喂奶，并用舒缓的语言配上动作，告诉宝宝你在做的事，如"妈妈在洗手，一会儿给宝宝喂奶噢"。如宝宝发出尖锐或恐慌的哭声，应该查看宝宝是被弄痛了还是哪里不舒服了，可一边用语言抚慰一边检查他的手脚和身体。

邵医生提醒

不必担心过多的关怀会惯坏宝宝

在这个阶段，不用担心过多的关怀会惯坏宝宝。当然，关怀不是一哭就抱，而是仔细观察宝宝并在他需要时做出恰当的反应。事实上，在6个月前，对宝宝的反应越迅速，宝宝长大后的要求可能越少。在此阶段帮助宝宝建立的安全依恋关系，会为他今后成长为一个坚强、独立而自信的人打下基础。

如宝宝既温暖又干爽，而且喂养良好，那他可能只是想得到抚慰，可尝试寻找最适合宝宝的安慰方法：

❶ 用柔和的语言应答宝宝，和他说话或唱歌。

❷ 轻轻抚摸宝宝的腹部，并把他的双手放到腹部。

❸ 竖抱起宝宝，让他的头靠在你的肩上，托住他的背和头部，轻轻走动或左右移动，宝宝会停止哭闹，甚至睁开眼睛。

❹ 放舒缓的音乐。

❺ 抱着宝宝，让他和你面对面，上下或左右移动，或随便走走。

❻ 沐浴。

❼ 如果都失败了，那么最好的办法就是让宝宝独处一会儿，许多宝宝哭闹一阵儿后会很快入睡。

给宝宝抚触

宝宝出生时就具备了对不同温度、湿度、物体质地和疼痛的触觉感受能力，这种能力是宝宝感知外界事物、探索世界的重要途径，在和母亲建立亲密的安全依恋关系过程中占有重要的地位。

宝宝喜欢接触质地柔软的物体，抱、轻拍和抚摩可以使烦躁的宝宝放松、安静下来，并通过你的触摸方式感知你传达的信号。接受抚触的宝宝体格生长发育好，觉醒、睡眠节律好，反应也更灵敏。抚触也可加强宝宝的免疫力和应激能力，增进食物的消化和吸收，减少宝宝的哭闹。抚触还可促进宝宝的社会交往能力和情感发展。

① 抚触脸部，舒缓脸部紧绷。

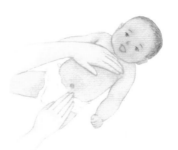

② 抚触胸部，顺畅呼吸循环。

③ 抚触手部，增强灵活反应。

④ 抚触腹部，有助肠胃活动。

⑤ 抚触腿部，增强运动协调功能。

⑥ 抚触背部，舒缓背部肌肉。

抚触的作用

爱的抚触

这个游戏可以提供触觉刺激，发展宝宝身体各部分的知觉，传递爸爸妈妈的爱意，建立亲子依恋。

准备：

宝宝抚触用乳液或按摩油、毛巾、换尿布台（床或软垫）；可在宝宝刚洗完澡或刚换完尿布时进行。

跟宝宝这样玩：

① 挤适量乳液或按摩油在手心，双手搓揉，将乳液或按摩油搓热。

② 轻轻从上至下抚触，先从胸部弧形抚触至对侧肩部，再从肩部至手臂。

③ 然后将手放在宝宝的腹部，顺时针和逆时针画圈按摩。

④ 最后抚触宝宝的小手和小脚。

⑤ 边抚触边告诉宝宝所触摸的部位，如："这是宝宝的手""这里是宝宝的肚子"……也可以唱歌给宝宝听。抚触完后给宝宝穿上衣服。

换个花样玩：

爸爸抱着宝宝，或者让宝宝躺在床上。爸爸将脸凑近宝宝，用下巴或脸颊轻轻地蹭宝宝的脸颊、小手或者小脚丫等。边蹭边和宝宝说话。爸爸的胡子对宝宝来说是一种特殊的按摩，这个玩法是爸爸的专利哦。

提示：

爸爸的胡子要先刮一下。

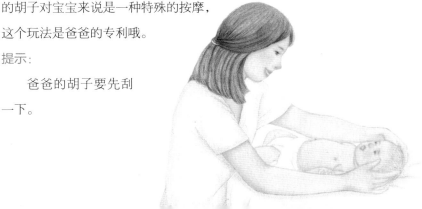

避免感染和不良环境暴露

有了新生宝宝之后，家中应禁止吸烟，减少探视，避免有呼吸道感染或传染性疾病的人接触新生宝宝。室内家具和环境应保持卫生整洁，空气应保持流通，每天定时开窗通气 2~3 次，每次 20~30 分钟。避免在室内使用有毒有害的化学用品，如含有除虫菊酯类的杀虫剂或蚊香。

爸爸妈妈在换尿布后、处理大小便后、护理或喂养宝宝前都要用肥皂和流水洗手。家人患呼吸道感染时应与宝宝隔离。如果一定要接触，则必须戴口罩、勤洗手，以避免交叉感染。

❶ 掌心相对，手指并拢，互相揉搓。

❷ 手心对手背，沿指缝相互揉搓，交换进行。

❸ 掌心相对，双手交叉，指缝相互揉搓。

❹ 弯曲手指，使关节在另一手掌心旋转揉搓，交换进行。

❺ 一手握住另一只手的大拇指旋转揉搓，交换进行。

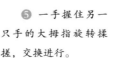

❻ 将 5 个手指尖并拢，放在另一手掌旋转揉搓，交换进行。

六步洗手法

与新生宝宝交流玩耍

为人父母其实是人生中最具有挑战性的事情之一。怎样让宝宝在人生的最初几年健康成长，并为他成年后的健康和发展打下基础，是每一位爸爸妈妈都要面临的挑战。做好父母并非天生或自然发生的事情，宝宝在成长，我们做爸爸妈妈的也在学习成长，爸爸妈妈和其他照护人（比如爷爷奶奶、外公外婆）之间沟通合作良好、相互帮助且原则一致，也会使养育过程更加轻松。

宝宝在出生后头 3 年大脑发育最快。新生宝宝大脑重约 350 克，1 岁时迅速增至 800~900 克，接近成人大脑的 60%。这时候神经细胞之间的连接在建立，功能也在分化，这一时期是决定宝宝今后发展潜力的关键期，是一个基因与环境相互作用的过程。

不同的家庭对自己的宝宝会有不同的期待，对怎样培育宝宝也有不同的看法，但每个宝宝都是独一无二的个体，最好的方法就是做好心理准备迎接挑战，为宝宝准备好自己的爱心，在养育过程中了解宝宝，不断学习，找到适合自己家庭并有效的方法，为宝宝提供温暖的、支持性的、有良好刺激的回应性养育环境，让他的潜能得到充分发挥。

与宝宝的第一次亲密接触

从宝宝出生的那一刻开始，爸爸妈妈就要注意与宝宝建立亲密关系。

研究表明，新生宝宝在出生后的第一个小时里，通常很安静但又非常机警，这种状态下很容易产生共鸣和感情联结。像自然界多数的新生动物一样，人类的新生宝宝也有一种依恋父母的本能。刚出生时是建立母婴依恋的最佳时机，爸爸妈妈应把握住第一次与宝宝见面的"黄金一小时"。

这时候是和宝宝进行亲密肌肤接触的好时候。让宝宝舒服地躺在妈妈的两乳中间，脸颊紧贴在乳房上。妈妈可用自己温暖的手抚摸宝宝的背，让宝宝听到他在子宫里时就熟悉的心跳声，感受到妈妈的气息，感受到妈妈手掌的温暖，让妈妈的母爱和柔情像子宫里的羊水一般包围宝宝。此时，宝宝就会从因脱离母体而紧张不安的情绪中安静下来，与母亲重新建立温暖而舒适的感情联结。一旦宝宝开始吸吮妈妈的乳头，他就会感到满足而安心。这个过程就像是一场迎接新生命的仪式，使宝宝从子宫内依赖母体的状态平稳过渡到脱离母体的状态，与妈妈建立安全而舒适的亲密联结。

认识新生宝宝的 6 种状态

科学家发现，所有新生宝宝的行为活动都是有规律的，按照觉醒和睡眠的不同程度分为 6 种意识状态，包括 2 种觉醒状态、3 种睡眠状态及哭的状态。了解宝宝的这些行为状态，就能了解宝宝的行为活动规律，就能根据宝宝的行为状态和需求做出相应的反应。

安静睡眠

宝宝脸部放松，眼睛闭合，呼吸均匀，除偶有惊跳及轻微嘴动外，没有自然活动，完全休息。一般不容易惊醒。

活动睡眠（浅睡）

宝宝眼睛闭合，但眼球在眼睑下快速活动，呼吸不太规则，脸部有微笑、皱眉或怪相，有时嘴有吸吮动作，有时身体会扭动。这时候宝宝的大脑皮层处于活跃状态，是宝宝大脑发育所需的睡眠时相。

瞌睡状态

宝宝处于半睡半醒状态，或刚入睡，或刚醒。眼半睁半合，常伴有轻度惊跳。有声音刺激时会转为清醒状态。

安静觉醒

一般发生在吃饱后半小时左右，时间比较短暂。这时候宝宝比较机敏，眼睛明亮，睁得很大，很安静，活动少。这时让宝宝看你的脸或红球，他的目光会追随你或红球，甚至头都会跟着转动；如果轻轻叫他或用声音柔和的玩具在他耳边晃动，他会转过脸来寻找；他甚至还会模仿你的表情。安静觉醒时是和宝宝交流的最好时机。

活动觉醒

宝宝的身体、脸部活动增加，四肢有自发性的扭动，有阵发性的特殊韵律，并开始烦躁。这时候，宝宝是在向你传递信息，告诉你他需要什么（可能是告诉你他饿了，应该给他喂奶了）。如果没有满足他的需求或者你的反应是不合他意愿的，宝宝就会活动增强，开始哭闹。

哭

这是宝宝表达意愿的一种方式，希望你能满足他的要求，如饿了、尿湿了、不舒服或需要抚慰。大部分哭闹的新生宝宝如果被竖抱着靠在大人肩上，就会停止哭闹并睁开双眼看周围；还有一些宝宝会没有原因地哭闹，只是为了把充沛的精力宣泄掉，哭一阵儿就睡着了，或者哭一会儿就进入安静觉醒状态了。

让爱伴随宝宝

新生宝宝已能听、看、感知你和周围环境。这时候，一定要把你的爱意和你对宝宝的回应和刺激传递给他，让宝宝的听觉、视觉、触觉等感知觉发育起来。在哺乳、换尿布以及做任何护理时，只要宝宝处于安静觉醒状态，就要和宝宝说话，并配上你发自内心的笑容。

喂哺宝宝时，有一件事很重要，就是你和宝宝的眼神交流。你可以通过眼神和宝宝交流，传递你的爱、表达你的意思。

与宝宝相处时，首先要让自己放松，让自己处于安宁、幸福的状态，让内心充满喜悦和快乐，这样笑意就会自然写在你的脸上。如果你经常和宝宝聊天、对视和逗笑，宝宝自然而然就学会了和你的交流，并会咿呀回应你。这是宝宝学习与他人交往的第一步，是宝宝心理发育过程中的一次飞跃。

笑呀笑

吃饱了，笑一笑；

睡醒了，笑一笑；

舒服了，笑一笑。

眯眯笑，

咯咯笑，

哈哈笑。

宝宝笑了妈妈笑，

妈妈笑了爸爸笑，

你笑我笑全家笑，

快乐就是笑笑笑！

（莫剑敏　创作）

想让宝宝展露笑容，父母就要时常向宝宝展露笑容：每天早晨醒来，以最灿烂的笑容跟宝宝说"早上好"；每一次拥抱，以最满足的笑容跟宝宝说"妈妈（爸爸）爱你"；每次跟宝宝眼神交流，以最甜美的笑容跟宝宝说"妈妈（爸爸）喜欢你"；亲吻宝宝脸蛋时，面带笑容说"宝宝笑一个"。

与新生宝宝交流

虽然，与新生宝宝的交流可以发生在日常护理的任何时候，但宝宝安静觉醒时的机敏合作会让你惊讶不已。

当宝宝吃饱后安静觉醒时，他会机敏地看着你，对你的脸和说的话特别感兴趣。这时候，可以双手环抱宝宝，和宝宝面对面，将你和宝宝的双眼距离控制在 20~30 厘米（因为新生宝宝的眼睛不能调焦，这个距离是宝宝能看清你的脸的最佳距离）。和宝宝对视，给宝宝传送你的爱意，并和宝宝说话，如："宝宝好，和妈妈聊天啊，来，跟着妈妈过来，来来。"宝宝会机敏地看着你，看着你红红的唇。当他看着你时，再慢慢移动你的脸，他会跟随你的声音和移动的脸，甚至转动他的头部，这是多么让人惊讶的能力。

这种互动交往使宝宝的身心处于舒适满足的状态，是一种快乐。快乐是对社会性行为最有效的刺激，快乐的正向情绪会促进宝宝心理的健康发育，有助于宝宝在各项能力发展中获得正向驱动力。

平时，爸爸妈妈都要以愉悦的心情照护宝宝，用温柔的语气在宝宝的耳边说说话，在给宝宝喂奶、换尿布、洗澡时，不忘用柔和、亲切的声音和富于变化的语调给宝宝讲些悄悄话。如"尿布湿了，妈妈给你换尿布""小屁股干干净净，宝宝就舒服了""宝宝饿了，妈妈给你喂奶啦！""宝宝，爸爸抱抱"……无论给宝宝做什么事，都要和宝宝说话。说话要轻声，语气要柔和，不断给宝宝语音输入，让宝宝熟悉爸爸妈妈的声音，慢慢领会意思。

注意，爸爸的眼神传递给孩子的爱意比起妈妈来将毫不逊色。

邵医生提醒

把握与宝宝交流的最佳时机

宝宝安静觉醒时是和宝宝交流的最佳时机，宝宝喜欢柔和、高调、舒缓的声音，比如，妈妈温柔的呼唤、柔和的摇铃声。

与新生宝宝玩耍

让宝宝自由活动四肢，在宝宝活动觉醒、瞌睡状态时，可以和宝宝通过游戏玩耍、交流。

数数手指头

通过本游戏，可以让宝宝逐渐感知到自己的身体部位，有利于宝宝手部能力的发育。

准备：

安静的环境。

跟宝宝这样玩：

1. 把宝宝平放在床上，让宝宝自由挥动双手。
2. 伸出你的手指触碰宝宝的手，引逗宝宝抓握你的手指。
3. 按摩宝宝的手掌心，并逐个揉捏拇指、食指、中指、无名指和小手指，边揉捏边念儿歌《数数手指头》。

换个花样玩：

用带响铃的小手环触碰宝宝的手，引逗宝宝抓握手环。

数数手指头

张开小小手，

数数手指头：

一二三四五，

五四三二一。

合拢手指头，

变成小拳头。

（莫剑敏　创作）

趴趴睡

通过本游戏，增加爸爸妈妈与宝宝的皮肤接触，有利于宝宝颈部力量
的发育。

准备：

大人洗干净双手。

跟宝宝这样玩：

① 宜在宝宝空腹时（喂奶前）或两次喂奶中间进行。妈妈稍稍斜躺在
床上，让宝宝自然地趴在妈妈的身上。

② 双手放在宝宝的背部轻柔地抚摸。

③ 边抚摸边吟诵儿歌《趴趴睡》，同时引逗宝宝抬头。

换个花样玩：

爸爸躺在床上，宝宝趴在爸爸的肚子上，爸爸学大青蛙呼吸的样子，
肚子一鼓一吸，带动宝宝上下起伏，让宝宝尽情享受爸爸"弹簧肚皮"的
超爽感觉。

陪伴儿歌

趴趴睡

趴趴睡，趴趴睡，
我心爱的小宝贝。
听着妈妈的心跳睡，
闻着妈妈的味道睡。
甜甜地睡，香香地睡，
我心爱的小宝贝。

（英剑敏　创作）

与 1~3 月龄宝宝交流玩耍

与 1~3 月龄宝宝交流

与 1~3 月龄宝宝的交流可以发生在日常生活的任何时候，如喂奶时或宝宝清醒时，经常看着他的眼睛，叫着他的名字，模仿他的声音和他说话，逗他笑。这个年龄段的宝宝可以模仿你的表情，通过眼神和咿呀发声回应你，和你交流。这也是宝宝语言和社交情绪发展的基础。此时，宝宝双眼仍不能调焦，看你和物体的最佳距离仍是 20~30 厘米，刚好是哺乳时宝宝与妈妈的脸的距离。

1~3 月龄宝宝已逐渐表现出他的独特气质。有的宝宝吃奶时很容易受外界影响，刚开始能认真吃几口，后面会边吃边玩，还可能去看他人；有的宝宝吃吃睡睡；有的宝宝性子急，当你与他配合不好，或射乳反射产生时，宝宝会大哭甚至拒绝吃奶。这时，你可以通过眼神、语言和手的抚摸与宝宝交流，通过眼神、语言引导宝宝集中注意力，用手轻轻揉捏宝宝的耳垂，让他保持清醒完成吃奶。用舒缓的声音和耐心的等待让容易紧张、反应强烈的宝宝安静下来。

这些互动交流都有助于宝宝和你建立安全的依恋关系，也为宝宝今后的语言、社会交往能力的发展以及进食行为的培养打下基础。

与 1~3 月龄宝宝玩耍

你可以在日常生活中和宝宝玩耍，并把交流融入玩耍中。让宝宝在床上、地垫上自由活动，帮助他学习俯卧、抬头、翻身，促进宝宝的头部控制和身体移动能力的发展；让他看红球、黑白卡或颜色单一、鲜艳的玩具，促进宝宝感受颜色的视锥细胞的分化和发育；把着他的手触摸不同质地的物品，学习挥打红球、铃铛，有利于宝宝触觉、本体觉和手眼协调能力的发展；注意观察宝宝发出的信号，及时予以应答。

趴趴乐

本游戏可促进宝宝颈部和上肢力量的发育，有助于宝宝稳定控制头部。

准备：

干净的垫毯 1 块，浴巾 1 条，纯棉手帕 1 块，摇铃 1 个。

跟宝宝这样玩：

1 把垫毯铺在地板上，把浴巾卷成可以支撑起宝宝胸部的卷。让宝宝手臂前伸、肘部屈曲俯卧在地板的垫毯上，把浴巾卷垫在其胸部下起辅助支撑作用。让宝宝抬起头。

2 妈妈拿手帕或摇铃，与宝宝面对面俯趴，在距离宝宝眼睛上方约 30 厘米处，抖动手帕或摇动摇铃，吸引宝宝的注意力，让宝宝抬头看。

3 用手帕轻轻拂过宝宝的脸，引逗宝宝。

4 在玩的同时，要轻唤宝宝的名字或说话、唱歌。

会变的脸

本游戏可增加爸爸妈妈与宝宝的互动和情感交流，有利于宝宝视觉追踪能力的发育。

跟宝宝这样玩：

① 选择在宝宝完全睡醒、状态较好的时段进行。

② 将宝宝仰面托抱起来，一只手托住宝宝的颈部，一只手托住宝宝的背部，让宝宝与你面对面。

③ 当宝宝注视你的时候，温柔地呼唤宝宝或念着宝宝的名字，对着宝宝做一些略显夸张的表情，比如张大嘴巴、睁大眼睛、伸出舌头、咧嘴、微笑，每次做的动作要缓慢，一边做脸部表情，一边等待并观察宝宝的反应。也许你会非常惊讶地发现，宝宝居然会模仿你的表情。

④ 一旦宝宝脸部有任何一点儿变化，就模仿宝宝刚才的表情给予回应，同时用语言描述，如"宝宝笑了""宝宝眼睛睁得好大"。

⑤ 观察宝宝的反应，如果宝宝烦躁或不感兴趣，则停止游戏。跟随宝宝的兴趣，了解他的需求。

换个花样玩：

托抱宝宝时，一边与宝宝说话，一边慢慢移动自己的脸到左边，再慢慢移到右边，让宝宝的眼睛随着你的脸移动。这样可以促进宝宝双眼共轭聚焦能力的发育。

爱抱抱

小宝宝，爱抱抱，

妈妈抱，爸爸抱，

竖抱抱，横抱抱，

左抱抱，右抱抱，

抱抱宝宝乐陶陶，

宝宝亲亲真美好。

（莫剑敏　创作）

转转小脑袋

在玩耍中促进宝宝对声音的定向能力和社交情绪的发展。

准备:

声音柔和的带响铃的玩具。

跟宝宝这样玩:

❶ 宝宝躺着,妈妈面向宝宝,在距离宝宝的耳朵20~30厘米处轻轻摇晃铃铛。观察宝宝的反应,当宝宝转向声源时,妈妈可欢快地边说边唱"听见了,听见了,铃儿响叮当";如宝宝没有反应,可在距离宝宝25厘米处摇晃铃铛,慢慢移动铃铛,让宝宝跟着转头寻找铃声。注意:铃声要柔和,否则,宝宝不爱听,会别开小脑袋或不转头。

❷ 当宝宝已能稳当地控制头部时,可以让妈妈抱起宝宝,手托宝宝臀部,让宝宝背靠着妈妈胸腹部,面向前方。爸爸站在妈妈背后,从妈妈的左侧或右侧探出身子,在距离宝宝耳边20~30厘米处轻轻摇晃摇铃,如宝宝没有反应可同时轻轻呼唤宝宝的名字;再从另一侧探出身子,在宝宝耳边摇铃或呼唤宝宝的名字,吸引宝宝转头追视爸爸的身影。

换个花样玩:

在宝宝左边或右边摇动带响铃的玩具,逗引宝宝左右转头追声源,同时配合动作念儿歌。

提示:

在左右出现的节奏要缓慢,等候宝宝的反应。

摸摸是什么

本游戏有助于宝宝感觉（对不同物体质地的触觉）和手眼协调能力的发展。

准备：

不同材质的物品（如棉质袜子、木质勺子、塑料玩具等）。

跟宝宝这样玩：

① 在适当位置（你竖抱宝宝时他伸手能碰到的高度）拉一根绳子，悬挂起物品。

② 竖抱宝宝至物品前，晃动物品，吸引他的注意，逗引他伸手去触摸。

③ 如果宝宝头部竖立不稳，也可让宝宝躺着或靠在妈妈怀里，扶住宝宝的手臂，协助宝宝去触碰和抓握。

④ 如宝宝不能够取或伸手触碰物品，可以把物品放到宝宝手里让他触摸，并告诉他："这是毛毛的袜子，这是硬的勺子……"注意宝宝手上感知到的物体质地应该与形容的词汇相匹配。

换个花样玩：

宝宝喜欢玩自己的手，在宝宝手上拴块红布或戴个能丁零作响的小手镯，协助宝宝与自己的双手"娱乐"。

提示：

在玩耍时，将玩具放到宝宝身体的中线位置，维持宝宝身体和两手的对称位置，让宝宝去触摸、抓握、玩耍，有利于宝宝感知觉和身体的平衡性、对称性发展。

拉拉坐

本游戏可帮助宝宝学习头部控制能力，发展身体感知能力。处于坐位时，可让宝宝观察周围世界，其共轭聚焦追视能力逐渐发展。

准备：

地垫或棉毯 1 块。

跟宝宝这样玩：

① 在地板上铺上地垫或棉毯，在地垫上或棉毯上进行。

② 让宝宝仰卧在地垫或棉毯子上。

③ 两手轻轻握住宝宝两侧肩膀，一边轻轻慢慢拉起宝宝的身体，一边和宝宝说话："宝宝，看着妈妈，来来来，一起坐起来。"慢慢让宝宝的头部跟随身体起来，直到坐位，并让宝宝的头部维持在中线位置 1~2 秒。

④ 与宝宝对视并说话，让宝宝的眼睛和头部跟随你的脸移动，这时候，宝宝会很开心。

提示：

第一次做这个游戏时，宝宝的颈部力量可能比较弱，头部后坠比较明显。此时妈妈应动作轻柔，慢慢鼓励宝宝颈部使劲，使其头部跟随躯干起来。反复互动玩耍后，宝宝的颈部力量发育，头部控制能力会越来越好。

第二章

3~6 月龄宝宝

3~6 月龄宝宝生长发育特点

🍼 3~6 月龄宝宝的体格生长

本年龄段体格生长较前 3 个月缓慢。在这个阶段，宝宝的体重每月将继续增加 0.45~0.6 千克，他的身长将增加 5~6 厘米，头围将增加 2.5 厘米左右。至 6 月龄时，女宝宝的体重平均为 7.3 千克，男宝宝的体重平均为 7.8 千克；女宝宝的身长平均为 66 厘米，男宝宝的身长平均为 67 厘米；头围为 42~43 厘米，且随着头围的增大，前囟门也有所增大，大小约为 1.5 厘米 ×1.5 厘米。

🍼 乳牙萌出

宝宝在 4~10 个月时，可能开始长出第一颗牙。乳牙萌出时间存在较大个体差异，除与基因（父母出牙迟早）、营养或激素有关外，还与食物的质地有关。宝宝满 6 个月后要添加辅食，辅食的质地要从泥糊状转换至碎的食物。吃一口，让宝宝学习咀嚼和搅拌功能，再咽一口，不仅有利于口腔功能发育，也有利于乳牙的萌出和牙釉质发育。

一般而言，宝宝会先长出下颌 2 颗门牙，然后是上颌 4 颗门牙，之后再长出下颌 2 颗侧门牙。1 周岁时，宝宝会长出上下共 6~8 颗乳牙。2 周岁内乳牙的数目大约为月龄减 4~6。注意，乳牙的萌出，并不只与营养或缺钙有关，咀嚼训练也很重要。

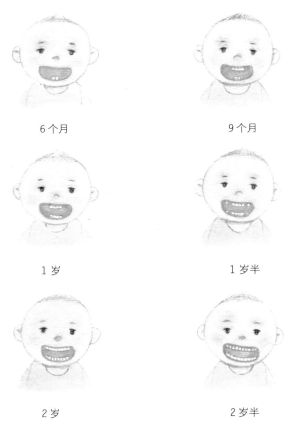

6 个月　　　　　　　　　　9 个月

1 岁　　　　　　　　　　1 岁半

2 岁　　　　　　　　　　2 岁半

宝宝的乳牙萌出顺序图

3~6 月龄宝宝的功能发育

本月龄段宝宝最大的发育成就是能够控制躯干：从靠坐发育至支撑着独坐。

宝宝的头竖立得越来越稳，他已经能自由转头观察四周的环境了。宝宝的肌肉和运动能力不断增加，他学会了翻身，4 月龄后可以在扶持下用腿支撑身体全部重量，并在扶持下开心跳跃。宝宝还将接受一个重大的挑战——坐，很快他就学会了“三角架”样坐姿，并逐步稳定。他会挥舞两手，挥打铃铛，慢慢用“耙竹耙”的方式抓取物品。能玩手，至 5~6 月龄时能将玩具从一只手传递到另一只手。

宝宝逐渐会发“da”“ba”等音，用身体前倾、表情、伸手等姿势表示他的需要。当你和他噘嘴玩耍时，他会模仿你；当用布遮着他的脸玩耍时，他会扯下布和你玩。宝宝会对镜子中的影像感兴趣，被逗引后会“咯咯”笑出声音，喜欢社交类的游戏，如“躲猫猫”。

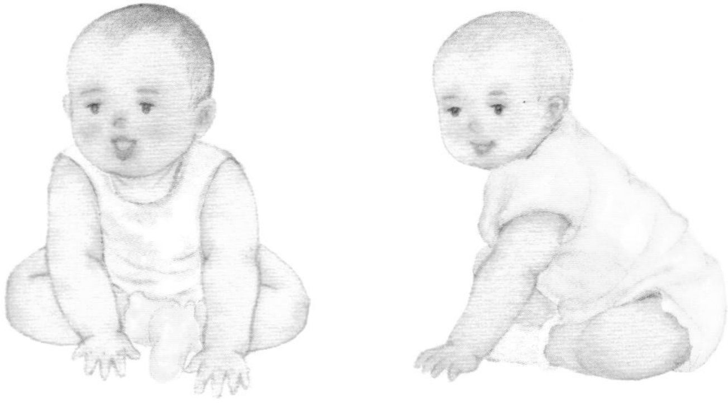

“三角架”样坐姿

3~6 月龄宝宝的喂养

顺利度过厌奶期

　　宝宝在出生后 3 个月内生长非常快，3 个月后生长速度减缓，此时宝宝体内瘦素分泌增加，食欲和吃奶量有所下降，出现了所谓的厌奶期。如果妈妈着急，频繁给宝宝喂养，会导致宝宝厌奶更明显，甚至出现喂养抵抗，或只有迷糊时才能吃奶，清醒时不愿吃奶。此时，妈妈一定不要焦虑，3 月龄后的宝宝需要逐步有规律地、顺应性喂养。建议妈妈有规律地、在宝宝清醒时喂养，耐心引导，每次喂养时间不超过 30 分钟，而吃的奶量由宝宝决定。这样，虽然喂养次数不多，每次吃奶量不多，但随着胃排空规律的建立，约 2 周后，宝宝的吃奶量便会有明显改善。

有规律地顺应性喂养

　　为什么要有规律地顺应性喂养呢？

　　随着宝宝的成长，3 月龄后有规律的喂养可以帮助宝宝建立规律的胃肠蠕动、消化液分泌和胃排空习惯，帮助宝宝建立昼夜节律，有助于宝宝的生长发育。顺应性喂养有助宝宝根据自身的生长速度调控进食量，避免因强迫喂养导致的喂养抵抗。

怎样做到有规律地顺应性喂养呢？可注意以下几点：

1️⃣ 逐步建立喂养规律，日间每 3 小时喂养一次，每次喂养时间不超过 20 分钟。

2️⃣ 减少夜间喂养次数。如 3 月龄宝宝，上午 6 点、9 点，中午 12 点，下午 3 点、6 点，晚上 9 点，凌晨 3 点各喂养一次，至 6 月龄时，形成连续性整夜睡眠（凌晨 3 点不再喂养）。

3️⃣ 喂养时保持环境安静，培养宝宝专注力：有的宝宝吃奶不专心，有的宝宝在猛吃几口后就不再认真吃奶，妈妈要用眼神、简短的语言制止宝宝的不专心行为，鼓励宝宝进食。

4️⃣ 当观察到宝宝已吃饱（呈心满意足状），或已无进食欲望，或喂养时间已达到 20 分钟时，应终止喂养，等待下一次喂养时间（如上午 9 点喂养后，应等待至中午 12 点左右喂养）。如母乳喂养的宝宝喂养超过 20 分钟，乳房已空虚，但宝宝仍在吸吮，则可能母乳不足，可补喂配方奶。

邵医生提醒

喂养是妈妈与宝宝的交互反应

　　每个宝宝都有自己的生长轨迹，对能量的需求也不一样。喂养是妈妈与宝宝的交互反应，对宝宝来说，喂养时妈妈心情愉悦、时刻给予鼓励的眼神、顺应宝宝的需求，与乳汁同样重要。

添加辅食的信号

3~6 月龄是宝宝口腔感知觉发育的敏感期，也是胃肠消化功能和手眼协调能力发展的重要时期。在这个时期，宝宝的身体已经开始为进食固体食物，即添加辅食做好准备了。

那么，哪些发育信号提示宝宝已经为添加辅食做好准备了呢？如果宝宝给了你如下信号，那就意味着他已经可以进入辅食添加阶段了：

① 宝宝头部竖立稳当，能坐在高脚餐椅上。

② 对成人吃饭感兴趣（两眼看着成人吃饭，嘴巴也在动）。

③ 当用勺把食物送至宝宝口中时，宝宝会张大嘴，但不会用舌头把食物推出来。

当宝宝已经为辅食添加做好准备了，我们就可以考虑给宝宝引入固体食物。一般纯母乳喂养的足月宝宝在满 6 个月时，配方奶喂养的宝宝在 4~6 月龄时，早产儿在矫正 4~6 月龄时添加辅食，具体时间根据宝宝体格生长情况、身体健康状况调整，如宝宝有腹泻、呼吸道感染等疾病或体重增长不良时，可暂缓辅食添加，但一般不迟于 6 月龄或矫正 6 月龄。

3~6 月龄宝宝的照护

关注回应性照护

回应性照护是为宝宝提供满足他生理和心理需求的积极照护，核心是在日常生活中观察并敏感了解宝宝通过动作、声音、表情所发出的信号和需求，并及时给予积极、恰当的回应。

每个宝宝都是一个独特的个体，宝宝的行为表现存在着多样性和多源性，他会通过动作、面部表情、声音或手势发出信号，表达自己的生理、心理需求。爸爸、妈妈和其他照护人在日常生活中要仔细观察，记录宝宝的生理节律、活动和能力水平，逐步了解并掌握宝宝的个性特点。要将宝宝看做独立的个体，敏感注意到并听懂、看懂宝宝因不同需求而发出的不同信号，以及他行为表现背后的含义。及时对宝宝的信号做出反馈，准确判断宝宝的需求和情绪体验，并尝试根据他的需求和气质特点进行适当的互动回应。

与宝宝的交互回应是温暖的、支持性的、积极的。回应性照护应融入日常生活的方方面面，包括安排含睡眠、喂养、日常活动和玩耍交流的一日生活，为宝宝提供学习身体活动、语言认知、社会行为和情绪技能的机会。其中，回应性喂养就是顺应宝宝需求、与宝宝交互回应的喂养，对于低体重儿、有疾病宝宝的身心健康发展尤其重要。回应性照护也可以让爸爸妈妈和家庭照护成员敏感识别宝宝的疾病征兆，及时就医。

照护人应保持身心健康

照护人的身心健康、情绪良好，是为宝宝提供合适的养育照护的前提。宝宝妈妈可能会因为产后内分泌激素的改变、养育宝宝的疲劳而产生各种各样的心理感受，如过度担心宝宝有这样那样的问题，常拿自己的宝宝与别的宝宝比较，或觉得宝宝并不像自己所期望的那样完美，妈妈可能会不开心或担忧，甚至抑郁、睡眠不好。宝宝爸爸和其他家庭成员要多关心宝宝妈妈，分担妈妈喂养和照顾宝宝的压力，给妈妈更多的休息时间，给予她心理支持，必要时可以带她寻找医生的帮助。

宝宝照护人的身体健康也非常重要，应保证照护人没有任何传染性疾病，如结核、乙肝病毒感染等，如家庭成员中有人患感染性疾病，应注意隔离，避免其与宝宝密切接触。照护人应注意自我口腔卫生和手卫生，避免口对口或将食物嚼烂后喂食宝宝。

家庭成员的相处氛围对宝宝的健康成长和心理发展有着重要的作用。家庭不和睦、家庭成员意见不一致、暴力、忽视、体罚或剧烈摇晃、发怒、呵斥、威胁等都会对宝宝的心理发展产生不良影响。爸爸妈妈及其他照护人要注意自我的心理健康，保证良好的情绪调控能力和教养，避免在宝宝面前或向宝宝发泄自己的情绪。如有问题，可以向专业机构求助。

宝宝的穿衣学问

宝宝的身体在不断长大，身体四肢需要自由的活动度。无论什么季节，宝宝衣服应满足以下原则：

① 选择纯棉、质地柔软、吸汗而不刺激肌肤的衣服，避免质地硬或易致敏的衣服，如化纤材质的衣服、粗毛线衣等。

② 衣服应宽松，以利于宝宝身体活动和生长发育。

③ 小婴儿建议穿连体衣裤，不要穿有松紧带的裤子，以免影响宝宝呼吸和胸部骨骼发育。

④ 衣服应轻、软、透气，易于穿脱、换洗，夏季可穿短袖纯棉 T 恤，秋冬季可内穿棉毛衫裤，再加绒衣裤或柔软棉外套。

⑤ 根据外界温度及时增减衣服，保持宝宝身体温暖而干爽。

⑥ 衣服厚度和数量适宜：建议与成人相仿或略少。因宝宝新陈代谢率高于成人，易出汗，如果穿衣过多或捂得过紧、过热，容易限制宝宝运动和生长发育，容易使宝宝出汗（遇到凉风容易感冒），也会导致宝宝发热。发热的宝宝如捂得过多，可能会导致捂热综合征，出现惊厥。

邵医生提醒

判断宝宝穿多穿少的方法

宝宝穿多少衣服，并不是通过摸小手来决定的。可以摸一下宝宝的背部，如温暖而干爽就代表宝宝穿得适宜。在合适的季节，可不穿袜子，让宝宝自由地用自己的小手小脚感知世界。

🍼 注意宝宝的便便尿尿

便便

宝宝大便的形状和次数会因喂养方式的不同而不同。

一般母乳喂养的宝宝，可以建立双歧杆菌占优势的肠道菌群，大便常呈黄色或金黄色，糊状或稀糊状，略有酸味，每天 2~4 次，有的宝宝次数更多。用配方奶粉喂养的宝宝，大便颜色偏淡，每天 1~2 次，糊状或软，成形，稍有臭味。

当然，宝宝的便便也有很大的个体差异，有些母乳喂养宝宝每天大便 3~4 次，甚至更多，呈稀糊状甚至有泡泡。这可能是母乳中的乳糖没有被完全消化吸收，只要宝宝精神好，食欲佳，生长发育好，就不用担心。有些宝宝 2~3 天排便一次，大便不干，没有排便困难，也属正常。一般 6 个月后胃肠功能发育完善了，便便都会逐渐改善。

如果宝宝超过 3~4 天不排大便，或每周排便少于 2 次，大便干硬、粗大，或大便次数正常，但排便困难（即排出软便或未排便前就处于紧张和持续哭闹状态，但无其他健康问题），那可能是功能性便秘。乳母可增加富含益生元、纤维素的食物摄入，改善宝宝肠道微生态。如宝宝经常便秘或发生配方奶喂养后便秘问题，应去看医生，在医生指导下解决。

尿尿

宝宝的尿液一般为淡黄色，清亮透明。天气冷时，有时尿中会有白色沉淀物，这是由于尿液中含有来自饮食的草酸盐和碳酸盐成分，遇冷后结晶盐从尿中析出而使尿液变浑，是正常现象。如进食了富含草酸盐和碳酸盐类的食物（如菠菜、苋菜等绿叶蔬菜及香蕉、橘子或柿子等水果），也会有尿中白色沉淀物析出，这对宝宝的健康没有影响。

合理选用宝宝日常用品

　　宝宝皮肤娇嫩，神经系统尚未发育完善，对环境中的有毒有害物质非常敏感。宝宝用的日常用品，包括肥皂、乳霜、防虫防蚊用品等，使用前应检查其成分、注意事项，确认无毒无害，以避免日常用品对宝宝娇嫩皮肤的损伤。

　　洗漱时应使用中性的婴儿用肥皂，乳霜应为婴儿专用的正规产品，不要给宝宝使用无任何产品说明的日常用品，如民间常用来防止婴儿皮肤皱褶处糜烂的"红丹粉"。该粉含有大量的铅，可导致宝宝铅中毒。

平时注意居家卫生，给宝宝的小床添加蚊帐防蚊。外出时带上中草药类无毒无害的防虫防蚊用品，如紫草膏。购买宝宝用防蚊防虫用品时，应仔细阅读产品成分和注意事项，避免使用含有除虫菊酯类成分的产品。

警惕宝宝窒息

该年龄段的宝宝已经会翻身、会抓东西了，容易因睡眠、进食或玩耍不当发生窒息。为预防意外窒息发生，建议注意以下几点：

❶ 培养宝宝良好的睡眠习惯：让宝宝学习在迷糊中自动入睡，不吃着奶或含着奶嘴入睡，避免疲劳的妈妈熟睡后，充盈的乳房堵住宝宝的口鼻；宝宝与成人应分床睡，避免成人翻身后，使宝宝蒙被而发生意外；宝宝睡眠时应尽量仰卧，也可侧卧，以减少婴儿猝死综合征的风险。

❷ 使用正确的喂养、进食姿势：喂奶时抱起宝宝，喂奶后及时帮宝宝排出空气，使宝宝保持右侧卧位，避免溢乳或吐奶后导致窒息。

❸ 把家中容易致宝宝发生意外的物品（如塑料袋等）收藏到安全的地方，避免宝宝随手抓来蒙住自己的头部。

❹ 即使宝宝睡着了，照护人也不能长时间离开宝宝或让宝宝脱离自己的视线范围，以防宝宝醒来后哭闹，发生蒙被窒息。

与 3~6 月龄宝宝交流玩耍

与 3~6 月龄宝宝交流

3 月龄宝宝双眼已能调焦，出现眼神注视。可以带宝宝看远处的花、树，也可以和你进行目光注视交流。这种目光的注视交流对宝宝今后的交流、语言能力的发展非常重要。在日常生活中，爸爸妈妈即使很忙碌，也可以在喂养、洗澡和做其他日常家务时积极与宝宝交流，包括深情地望着宝宝的双眼、朝他微笑、回应模仿他的声音等。爸爸妈妈应关注宝宝的兴趣，敏感注意到宝宝不同需求所发出的信号，理解宝宝信号或行为背后的含义，及时有情感地、保持一致性地回应他所发出的信号。

多叫宝宝的名字

在这个阶段，宝宝开始逐渐对自己的名字产生意识，听到自己的名字会转向你；会在你的逗引下"咯咯"地笑出声音，交流和情绪能力都得到了很好的发展。

说说你正在做的事

当你每天给宝宝喂奶、换尿布、洗澡、穿衣时，可以边做边说你和宝宝正在做什么事，比如"宝宝好饿吧""宝宝吸得真有力""宝宝尿尿啦""换上干净的尿布，宝宝就舒服了"……做什么事说什么事，好比解说员在现场解说赛事一般。这样的"现场解说"，是眼前场景的真实叙述。比如，抱着宝宝坐在桌前，当宝宝看到红球时，慢慢滚动红球，让宝宝追视，此时可以谈论红球："看，这是红球，红球在慢慢滚。"宝宝会将语言和看到的现象联系起来，这种交流能够极大地帮助宝宝理解词汇和语言所表达的意思。

说说你和宝宝看到了什么

让宝宝用眼睛去看周围的事物，目光所及的东西对宝宝来说都是新鲜的，要学习的。当宝宝看到什么，就说说什么，和宝宝分享兴趣，培养共同关注。客观描述所看到的事和物，比如"这是宝宝的衣服""红红的大苹果""香喷喷的蛋糕"。在公园散步时，就描述看到的事物，绿绿的草丛、黄色的小花、叽叽喳喳的鸟儿、会飞的彩蝶、奔跑的小哥哥、晒太阳的老奶奶。在说的同时应配合动作的指向，因为婴儿的语言发展与认知发展密切相关，宝宝眼睛看到的东西与听到的词汇和语言联系起来，他的大脑就能获得丰富的信息。

说说彼此的心情和表现

在与宝宝进行语言交流时，要将彼此的表情、想法、情绪与语言联系起来。宝宝会辨别爸爸妈妈脸上的不同表情，也能从声音中辨别情感，在发展语言的同时宝宝的社交能力与情商也在同时发展。在跟宝宝说话时，爸爸妈妈应专注于宝宝，观察宝宝的神情和情绪表现。当宝宝眼睛发亮，面露笑容，嘴里发出"叽里咕噜"的声音时，就描述："宝宝吃饱了，看上去很开心""宝宝笑了，你一定很快乐"。也可以跟宝宝说说自己的心情，比如"给宝宝换上干净尿布了，宝宝舒服了，妈妈也开心"。让宝宝听到的语言和宝宝生活中正在经历的事情和情感体验联系起来，在你与宝宝日复一日的频繁交流中，宝宝的情绪会更好，语言能力也得到了发展。

与 3~6 月龄宝宝玩耍

与宝宝的玩耍是融入在日常生活中的，只要宝宝是清醒的，宝宝的情绪是开心的，爸爸妈妈随时随地都可以和宝宝玩耍，也可以进行一些与宝宝年龄和发育水平相匹配的游戏。

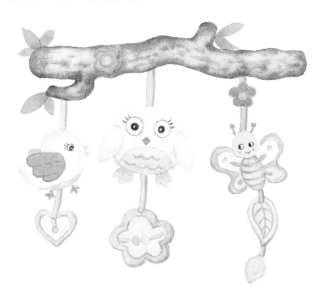

照照镜子躲猫猫

本游戏有助于促进宝宝情绪和交流能力的发展，有利于宝宝感觉、语言及手眼协调能力的发展。

准备：

温馨安静的环境。

跟宝宝这样玩：

❶ 妈妈抱着宝宝，和他一起照镜子。对着镜中的宝宝微笑，对他说话，做各种面部表情。

❷ 用手帕把自己的脸蒙上，说："喵～喵～"又拉下手帕，让宝宝看到你的脸，并笑着说："咦，妈妈在这儿！"跟宝宝玩"躲猫猫"。

❸ 把手帕盖在宝宝的脸上，说："喵～喵～，宝宝不见了！"等待宝宝自己把手帕拉下。一旦宝宝拉下手帕，就非常开心地拥抱、亲吻宝宝，说："宝宝回来了。"

❹ 如宝宝不能拉下手帕，则帮助他把手帕拉下，用微笑表示自己的惊讶和开心："又看到宝宝了。"

换一种玩法：

❶ 妈妈拉着宝宝的手，让宝宝抚摸你的耳朵、你的鼻子、你的脸。

❷ 边抚摸边告诉他："这是妈妈的脸""这是妈妈的耳朵"，然后表现出各种愉悦的表情，引逗宝宝开心地笑，并让他对你的脸产生兴趣。

074 | 上篇　宝宝一点儿一点儿在长大

翻翻身

3~5 月龄的宝宝开始学习翻身，通过本游戏宝宝可以学习、掌握翻身技能。

准备：

毯子或垫子 1 块，软毛玩具 1 个。

跟宝宝这样玩：

① 在干净的地板上，铺开毯子或垫子。让宝宝仰卧在毯子的右边。给宝宝看玩具，可以说："宝宝，这是一只小熊。"

② 把小熊放到毯子的左侧，然后鼓励宝宝去够取。可以说："小熊在哪儿？我们去找小熊""宝宝翻过来，小熊在这里呢！"

③ 如宝宝先启动肩部，而髋部不能翻转，则在髋部给予少量帮助，帮助他从仰卧位翻转到侧卧位。如宝宝先启动髋部，而肩部不能翻转，则在肩部给予少量帮助。

④ 一旦宝宝翻动身子或做出尝试努力，就要给予鼓励，比如："宝宝真努力呀！""来，我们一起加油！""宝宝翻过来啦！"

⑤ 如果宝宝启动翻身尚有困难，可以轻轻屈曲宝宝左腿的髋部和膝部，慢慢向右侧大腿方向翻过去，使宝宝的左侧髋部向对侧旋转，同时带动宝宝的左侧肩部也向右侧方向翻转，并翻到俯卧位。可以帮助宝宝轻轻抽出右手，使其以两手手肘支撑身体，俯卧片刻，并在前面用玩具逗引宝宝抬头。

⑥ 完成了一侧翻身后，再从对侧启动翻身，左右两侧可交替进行。

换个花样玩：

爸爸妈妈分别拽住毯子的四个角，宝宝躺在毯子中间，毯子左边抬高，右边放平；再右边抬高，左边放平。来回摇动，让宝宝从仰卧位翻转到侧卧位，再从侧卧位翻转到仰卧位。

靠靠坐

　　本游戏让 4 月龄以上宝宝学习躯干控制，建立大脑前庭感觉与运动系统的联结，促进其身体协调性和平衡性的发展。请根据宝宝的能力确定玩耍方法和时间长短。

准备：

　　干净的床或垫子，靠枕或被子。把靠枕或卷起的被子放在床上或垫子上。

跟宝宝这样玩：

❶ 把宝宝面朝上放在床上或垫子上。告诉宝宝接下来要做什么："妈妈要拉宝宝坐起来，请伸出你的小手吧！"

❷ 一边说一边张开双臂用动作示意，并重复说："请伸出你的小手吧！"

❸ 双手分别握住宝宝的两只手，轻轻把宝宝拉起至坐位。然后把靠枕或被子放在宝宝背后，作为宝宝靠坐的依托。

❹ 分开宝宝的双腿，帮助宝宝形成正确的坐姿。扶着他的身体，感受他的躯干控制能力，再轻轻放手，使宝宝能在靠垫依托下坐稳。

❺ 一旦宝宝坐直坐稳了，就给予夸奖。可以说："宝宝坐起来啦！""宝宝坐得多稳当啊！"

换一种玩法：

❶ 妈妈和宝宝面对面坐，扶宝宝坐正，感受宝宝身体的躯干控制能力。

❷ 当感觉宝宝能把身体控制在正中位时，稍稍放手减少支持力度。

❸ 一边和宝宝说"宝宝坐坐稳，真能干"，一边引导宝宝与你进行眼神

交流。让宝宝平视你，让他的头部处于正中位并保持稳定。

④ 如果放手减少支持片刻，宝宝姿势不稳定或开始倾斜，立即给予帮助，帮助他维持正中位坐姿并保持稳定。

⑤ 一边玩耍一边交流逗笑，让宝宝开心学习身体技能，一旦感觉他有点疲劳即终止。

举高高蹦蹦跳

本游戏可以促进宝宝神经运动能力和前庭觉的发育。

跟宝宝这样玩:

❶ 两手扶着宝宝腋下，让宝宝双脚站在你的大腿上，保持直立姿势。

❷ 双手放在宝宝腋下，挟着宝宝举起，再轻轻落下，让他在你的腿上"蹦蹦跳"。

❸ 边跳边配诵儿歌《跳跳跳》，增加蹦跳时的节奏感。

换个花样玩:

准备一个沙滩球，双手放在宝宝两腋下，让宝宝在沙滩球上练习蹦跳。

也可以这样玩:

在地板上进行，两手扶着宝宝腋下，把宝宝高高举起，再轻轻放下，让宝宝的双足接触地板。等待 30 秒，让宝宝的双足放平，感受他两腿支撑身体的力量。再举起宝宝，和他互动。观察宝宝的反应，看他是否喜欢这种空间位置的改变。逗他笑，让他在玩耍中享受快乐。

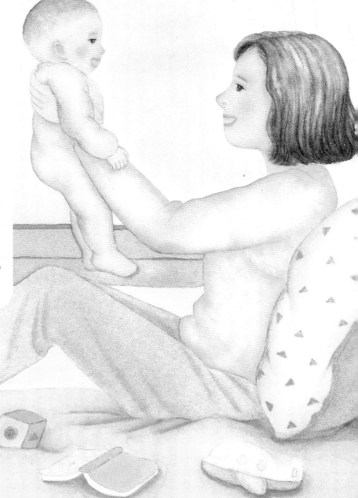

陪伴儿歌

跳跳跳

小松鼠在树林里

跳、跳、跳

（蹦蹦跳、跳上跳下），

小蚂蚱在草丛里

跳、跳、跳

（蹦蹦跳、跳上跳下），

小青蛙在水塘里

跳、跳、跳

（蹦蹦跳、跳上跳下），

小宝宝在妈妈怀里

跳、跳、跳

（蹦蹦跳、跳上跳下）。

（莫剑敏　创作）

换换手

本游戏让宝宝学习手眼协调，促进两手协调发育。

准备：

宝宝易抓握的玩具 1~2 件。

跟宝宝这样玩：

❶ 悬吊起玩具，高度设在抱着宝宝时，宝宝伸手可够着的高度。逗引宝宝伸手去触摸悬吊着的玩具。

❷ 当宝宝触碰到玩具时，玩具会晃动，宝宝抓握不住，玩具会从宝宝手中"开溜"。让宝宝再伸手，继续触碰抓握玩具。

❸ 鼓励、协助宝宝用两只手，一前一后把玩具"逮住"，让宝宝尝试成功，引逗宝宝笑，并及时给予语言鼓励："啊，抓住了，宝宝抓住小熊了！"

换个花样玩：

❶ 在桌上放一件宝宝喜欢的玩具，如红色的积木、球或其他小玩具，大小约 2.5 厘米 ×2.5 厘米 ×2.5 厘米。

❷ 抱宝宝坐至桌前，摆弄玩具以引起他的注意，并引导他去够取、抓握。

❸ 一旦宝宝成功抓到玩具，就夸奖鼓励他："哇，抓住了，宝宝的小手好能干。"如果宝宝未能成功抓到，可把玩具放到他手上玩一会儿，再尝试引导他主动够取、抓握。

❹ 引导宝宝在胸前正中位把玩玩具，并引导他把玩具从一只手传递到另一只手。

❺ 可每天玩，玩具可时常变换。

第三章

6~9 月龄宝宝

6~9 月龄宝宝生长发育特点

🦆 6~9 月龄宝宝的体格生长

本年龄段宝宝体格生长速度较前相对缓慢，每月增长 0.2~0.4 千克。添加辅食后，如未能建立合理的膳食和进餐规律，培养进食技能及良好行为习惯，宝宝体重容易因喂养和营养问题而增长缓慢甚至不增。

满 9 个月时，男孩体重为 8.5~9.6 千克，女孩体重为 7.8~8.6 千克。头围增长速度比半岁内略慢些，满 9 个月宝宝的头围为 44~45 厘米，前囟门仍未闭合，但较前缩小。

每个宝宝都有自己的生长速度，在监测体格生长时，应确认宝宝是否遵循前几个月建立的生长轨迹，体重和身长的增长与生长曲线的走向是否一致。

🦆 6~9 月龄宝宝的骨骼发育

在这个时期，宝宝的头围和胸廓发育较快。如果骨骼生长很快，而骨骼生长所需的营养素如维生素 D、钙和磷不能满足生长需要，则头颅和胸廓的发育会受到影响，宝宝甚至会出现营养性佝偻病的体征。因此，一定要定期进行体格检查，补充维生素 D，并根据宝宝的生长速度、摄入的奶量及膳食确定是否需要额外补钙。

此时，宝宝的两下肢有时看上去会有些内弯，或有些呈内八字形，这种现象可能是生理性的，通常会在 1 岁半到 3 岁时消失。

6~9 月龄宝宝下肢会稍呈内八字形

婴儿前囟门一般在 1 岁到 1 岁半时闭合，但有的宝宝 7 个月甚至 4 个月时前囟门就闭合了。这种情况下，只需定期监测头围，只要头围正常增长，体格及智力正常发育，一般不影响宝宝脑发育，爸爸妈妈不用过度紧张。

🦆 6~9 月龄宝宝的功能发育

学会爬

本阶段宝宝最大的发育成就是能稳定控制躯干，能独自坐稳，并开始能随意移动自己的身体，如翻滚、坐起、爬。8 月龄的宝宝能独自很稳地坐立，可空出双手玩玩具；能从坐位躺下，能随意翻身，从躺位坐起来；俯卧位时能用手臂撑起上身，使自己随意向四周观看。

"学会爬"的重大意义是宝宝能随自己的意志移动身体，探索世界，促进宝宝深度视知觉、空间位置觉、距离感的发展，可以强化宝宝躯干及相关肌肉的发育，促进大脑前庭－运动回路的发育，有利于宝宝感觉运动统合能力的发展，有助于宝宝长大后书写、阅读、逻辑推理和力量、协调性及灵巧性的发展，也有助于宝宝时间和情绪管理能力的发展。另外，爬行也会刺激左右大脑连接的均衡发展。

借由"爬"的过程，宝宝学习探索周围环境，并学习避开障碍物。这些经历使宝宝的好奇心得到满足，使他的探索能力得以发展，为未来独立解决问题能力及自信心的培养打下基础。

本阶段宝宝已经学会了爬

试着站

9月龄宝宝会试着拉着或扶着物体站起来。你可能会被他的站姿吓到，他会腆着肚子，翘着屁股，后背向前倾。这种站姿在宝宝刚开始学站时完全正常，可能会持续至1岁左右。

宝宝会试着扶着物体站起来

小手更加灵活

本阶段宝宝的手也更灵活了，会两手传递东西，会对敲玩具，会开始喜欢扔东西。宝宝能自由地探索周围的世界，包括敲敲打打、捏响玩具、自喂饼干；能钳取、捏取小物件（如小豆豆），逐渐会用拇指和食指、中指手指抓捏细小东西。

本阶段宝宝会把所有拿得到的东西放入口中，宝宝这样做是为了尝试感知这些物品，开始学习理解有些东西可以食用，而有些东西不能食用。这时候，应尽可能给宝宝提供安全、清洁的玩具和物品，让宝宝去尝试和探索，不要剥夺他感知、探索世界的机会，但要保证不会有危险。

宝宝探索事物和解决问题的能力也在发育，他会好奇地敲打、观察手中的东西，会去寻找藏在盖布下的玩具。

宝宝的小手更加灵活了

爸爸妈妈或其他照护人要提供宝宝自由活动和技能学习的安全空间，如有地板的活动室，能自由敲打的塑料杯、碗、方木，可爬着追的球，可以让宝宝自己拉着站起来的坚固家具等。

开始对自己的名字有反应

宝宝在 6~8 月龄时开始对自己的名字有反应，会跟随声音寻找东西，如跟随声音寻找掉在地上的汤勺；能模仿大人发出单音节词，如"da""ba"，有的宝宝已经会发出双音节"mama"了。你说"爸爸来了"，他会转头去找；你说"妈妈走了，再见"，有的宝宝会开始模仿挥手。

可以看懂爸爸妈妈的表情

此阶段宝宝已能逐渐看懂爸爸妈妈的表情并有相应的反应。妈妈说"不"，宝宝会有反应，会停止动作甚至咧嘴哭，也会通过音调、表情辨别你的情绪和情感；喜欢玩"躲猫猫"，喜欢追随你的目光去看你关注的东西，顺着你手指的方向看人或物体。

这一阶段，可以开始对宝宝进行行为约束。如宝宝无意识地打人、抓头发或抓取尖锐的物品，要以严肃的表情对宝宝说"不"，再把他的注意力转移到允许的行为上。

邵医生提醒

正确理解行为约束

对宝宝的行为约束并不是对他的惩罚，而是爱心和良好行为规范的学习。每次限制宝宝身体活动（如放在推车上、抱在手上、背在背上）的时间不应超过 1 小时。

6~9 月龄宝宝的喂养

🦆 添加辅食，继续母乳喂养

世界卫生组织（WHO）和联合国儿童基金会（UNICEF）的全球婴幼儿喂养策略建议：纯母乳喂养 6 个月（180 天），6 月龄起添加营养适宜且安全的固体食物，继续母乳喂养至 2 周岁及以上。

辅食添加可补充母乳中不足的营养，并通过以下几个方面促进宝宝的功能发育：

1. 6 月龄添加固体食物可以让宝宝学习对固体食物的咀嚼、运送和吞咽能力，使口腔适应不同质地的食物，逐渐从对液体食物的吸吮吞咽过渡至对固体食物的咀嚼吞咽，并促进胃肠功能的发育。

2. 通过用勺或指状食物自喂，促进手眼协调能力的发育。

3. 宝宝在妈妈宫内获得的铁储备在出生后 4~6 月已消耗殆尽，母乳中的铁容易被吸收但含量极少（0.27 毫克 /100 毫升），不能满足宝宝的生理需求。添加富含铁的辅食，如含铁的营养米粉、肉泥、肝脏泥等，可以弥补母乳中的铁不足。

鼓励母乳喂养至 2 周岁

❶ 乳类（母乳或配方奶）仍是这一阶段宝宝的主要能量和营养来源。母乳中含有优质蛋白、比例适宜的钙和磷及多种活性物质和免疫因子等，非常有利于宝宝的脑发育和成年后的健康。所以，鼓励继续母乳喂养至 2 周岁甚至以上。

❷ 6~9 月龄宝宝的乳类摄入量每天应达 800 毫升左右，约占总能量的 80%。喂奶次数可逐渐减少至 4~5 次 / 日，应减少夜间喂养次数并引导宝宝形成整夜睡眠。

帮助宝宝学习吃辅食的技能

宝宝天生会吃奶，这是一种吸吮和吞咽液体的动作。而进食固体食物是后天通过模仿学习获得的技能，是涉及口腔咀嚼、运送食物、形成食物团块并下咽的复杂动作。虽然宝宝刚刚学习这一技能时会吃得一塌糊涂或根本不会咀嚼、运送、下咽，但你一定要耐心示范、分解动作，提供机会让宝宝学习。

辅食添加宜安排在成人进餐时。要有进餐仪式，如洗净小手，戴上围嘴，坐上餐椅，并准备好宝宝进食的餐具和食物。如果宝宝能坐在高脚餐椅上，非常感兴趣地看爸爸妈妈吃饭，小嘴在不由自主地模仿，对递过去的食物张开嘴巴，就说明他已经对固体辅食的添加做好准备了。

首先添加谷类食物，如富含铁的营养米粉。可用开水或奶（母乳或冲调后的奶粉）调成泥糊状（稠厚度以在勺子中流不下来为准）。当观察到宝宝有进食兴趣时，示范宝宝张大嘴。把食物放入宝宝口中后，示范闭嘴，使其用上唇将勺中食物抿入口中。你可以一边自己咀嚼食物一边给宝宝示范用两侧牙龈碾磨食物并形成食物团块，再示意宝宝模仿你将食物团吞咽下去，即喂一口，嚼一口（示范咀嚼—运送），再咽一口。

用鼓励的眼神表扬宝宝的模仿学习。如果宝宝吐出食物，忽视这种行为，不要加以评论。清理吐出的食物后，继续鼓励宝宝模仿进食。通过刻意忽视，使你不期望的行为得以退化。一旦宝宝学会了咀嚼、运送并吞咽食物，请给予描述性的表扬，如"宝宝学会吃饭了，很能干哦"。通过鼓励学习和强化，使宝宝获得技能。

添加辅食的量、种类和次数

添加辅食宜从一种、少量开始。从开始时的 1~2 勺，2~3 天后逐渐增加至 3~4 勺，再逐渐增加。先吃辅食（固体食物），然后喂奶补足这一餐的进食量。观察 5~7 天，确认宝宝对新引入的食物无过敏或不良反应，再尝试另一种食物。如引入新食物时，宝宝有口周湿疹、皮疹、腹泻、消化不良等不适表现，则暂停这种食物的引入。

在宝宝适应了谷类食物后，引入蔬果类食物，如胡萝卜、各种深色蔬菜（西蓝花、菠菜等）。7 月龄时逐渐引入动物类食物（如肉泥、肝脏泥、蛋黄等）。当确认宝宝对食物无过敏或不良反应后，可多种食物搭配或荤素搭配，使营养更加均衡，如米糊加胡萝卜泥，花菜泥加肝脏泥，烂面、肉泥配洋葱胡萝卜泥。

　　8~9 月龄宝宝的辅食可从泥糊状转为泥末状，如肉末、蔬菜末。至于辅食添加的次数应从 6 月龄的尝试到 7 月龄固定的一餐，再到 8~9 月龄增加至 2 餐（中餐和晚餐时），逐渐过渡。

表 3-1　6 月龄适宜引入的食物和喂养要点

食物质地	泥糊状食物
餐次	尝试，逐渐增加至 1 餐
乳类	纯母乳、部分母乳或配方奶，5~6 次 / 日；减少夜间哺乳，引导宝宝形成整夜睡眠
引入要点	能量主要来源于奶（总奶量无明显减少），避免在两餐奶之间添加辅食，可选择在中餐或晚餐哺乳前先添加辅食，再哺乳补足
谷类	选择强化铁的米粉，用水或奶调配；开始少量（1~2 勺）尝试，逐渐固定到每天 1 餐
其他食物	开始尝试各种蔬菜泥、果泥，由少到多，逐渐过渡成混合食物喂养

表 3-2　7~9 月龄适宜引入的食物和喂养要点

食物性状	逐渐过渡到泥末状食物
餐次	4~5 次奶，1~2 餐辅食（混合食物）
乳类	母乳、部分母乳或配方奶，4~5 次 / 日，乳量 600~800 毫升 / 日
引入要点	每种食物引入时尝试多次，观察反应；在宝宝适应后，做到食物多样化，米面类及荤素搭配合理；选择富含铁、钙、B 族维生素、维生素 C 的食物，如动物瘦肉、肝脏、各类深色蔬菜

续表

粮谷类	强化铁的米粉、稠粥或面条，添加量根据宝宝需要而定（30~50 克 / 日）
蔬菜、水果类	各类蔬菜末、果泥，添加量根据宝宝需要而定（共 45~75 克 / 日，以蔬菜为主）
肉类	开始添加动物类食物，如肉泥、鱼泥、肝泥、动物血等（共 15~25 克 / 日）
蛋类	开始添加蛋黄，如宝宝对蛋黄适应良好，引导宝宝逐步尝试蛋白（每天 1/4~1/2 个）
植物油	如辅食以植物性食物为主，需额外添加少许植物油

辅食的制作

保证辅食的原材料新鲜、清洁无污染，选择新鲜、冰冻的肉类；食材保存在安全的温度下；用安全、清洁的水清洗食品原料；生熟食物分开制作（用不同的容器和砧板），存放于冰箱的不同部位（下层生，上层熟）；多余的辅食分装后存放于冰箱，再次食用前加热至食物中心温度达 70℃；宝宝吃剩的食物应丢弃。

每次制作食物前应洗净双手；保持餐具清洁，定期消毒；食物应彻底煮熟，烹饪方法上多采用蒸、煮；保持食物原味，无盐、无糖、无刺激性调味品。

避免提供容易导致宝宝误吸或窒息的食物，如花生、瓜子、果冻等；不提供含糖饮料。食物大小和质地随宝宝年龄增长而变化：

① 6~7月龄：泥糊状食物，包括各种蔬菜泥（胡萝卜泥、南瓜泥、菠菜泥、洋葱泥等）、肉泥、肝脏泥、鱼泥等。

② 8~9月龄：泥末状食物，如稠粥、烂面、各种果蔬菜末、肉末等。

③ 10~12月龄：小块状的食物或手指状食物，如软米饭、小块面包、小块馒头、小块西蓝花、番茄、小黄瓜条、嫩芦笋条等。

邵医生提醒

添加辅食的原则

　　辅食添加过程是宝宝的食物从液体向固体转化、宝宝获得充足、均衡营养的过程，也是宝宝口腔、消化功能和神经心理行为的发育过程。建议爸爸妈妈们遵循以下原则：

① 从少到多，从一种到多种；

② 从泥糊状到泥末状，从细到粗；

③ 顺应喂养，多次尝试，避免不良进餐经历；

④ 循序渐进，在宝宝健康时引入新的食物；

⑤ 每引入一样新的食物，观察了解不良反应；

⑥ 提供口腔功能和手眼协调技能发展的学习机会，培养良好进食习惯；

⑦ 保证良好、愉悦的进餐环境。

6~9 月龄宝宝的照护

🦆 合理安排宝宝的生活

合理安排宝宝一日的生活和身体活动，保证宝宝生活的规律性和稳定性，将有助于宝宝养成良好的生活习惯，促进其身心健康和潜能发展，减少成年期患代谢性疾病的风险。

3 月龄后，宝宝的生活逐渐有规律，昼夜节律逐渐形成。这时候，对宝宝生活的主要内容（如睡眠、进餐、活动等生活环节）和时间，可根据他的生理节律给予合理安排，保证宝宝有规律的觉醒和睡眠节奏，有充足的睡眠和身体活动时间。4~12 月龄宝宝日间可小睡 2~3 次，至 12 月龄后日间可小睡 1~2 次，每次睡 1~2.5 小时。

身体活动和体格锻炼不仅有益宝宝的体格健康，更有助于宝宝身体技能和认知的发展。可以通过各种方式让宝宝进行身体活动，尤其鼓励地板上的玩耍互动（参见本章"与 6~9 月龄宝宝交流玩耍"），1 岁以内的宝宝每天自由身体活动的时间应在 1 小时以上。

表 3-3　9 月龄宝宝一日生活参考

时间	内容
6：00~6：30	起床洗漱
6：30~7：00	早餐＋哺乳

续表

时间	内容
7：00~9：00	活动（排便）
9：00~9：30	哺乳＋水果少量
9：30~11：30	小睡
11：30~12：00	餐前准备和活动
12：00~12：30	辅食＋哺乳
12：30~13：00	餐后活动
13：00~15：00	小睡
15：00~15：30	哺乳
15：30~18：00	活动（排便）
18：00~18：30	辅食＋哺乳
18：30~20：00	餐后安静活动
20：00~20：20	哺乳
20：20~20：50	洗漱
20：50~21：00	上床睡觉

护理宝宝的乳牙

宝宝出乳牙时可能会有不适表现，如轻度烦躁、哭闹、低热（低于 38.3℃），会流口水，或喜欢咬一些硬的东西。为缓解宝宝的不适感，你可以在食指上套一个指套，轻柔按摩宝宝的牙龈。一旦发现宝宝的小乳牙已经萌出，便可每天在上床睡觉前，用儿童用的软毛小牙刷刷宝宝的乳牙。为了预防龋齿，无论在日间还是在夜间，都不要在上床后喂养宝宝，避免宝宝边吃边睡。

🦆 给宝宝选双合适的鞋子

随着宝宝的长大，他能独坐了，扶着他的腋下会跳跃了。这时候，应尽量让宝宝在地板上赤足玩耍。该年龄段的宝宝要学习躯干控制，从而获得身体灵活性、四肢协调性和力量的发育，获得空间视知觉和感知觉的发展。在这个阶段，应让宝宝的手和脚充分接受环境的刺激，触摸、感知不同质地的物体。如要为宝宝选择鞋子，建议按以下原则挑选：

① 轻便、半软底、透气。

② 前端较宽，呈圆头状，符合婴儿脚形，脚趾前留出半厘米的空间。

③ 容易穿脱，鞋底防滑，可选择高帮或包住脚面的鞋。

④ 由于宝宝生长速度快，建议定期检查宝宝的鞋子是否合脚，并及时更换。

请给宝宝挑选合适的宝宝鞋

让宝宝学习坐餐椅

儿童高脚餐椅是宝宝进餐时专用的椅子，当宝宝能控制躯干独坐一会儿时，可让宝宝试着学习坐餐椅。选择餐椅时要注意安全性和实用性：餐椅应牢固、稳定，有安全带固定宝宝；座位的大小、座椅把手和靠背高度，前挡板、踏脚的位置均与宝宝身体匹配，使宝宝舒适，避免椅子翻倒、宝宝从座位中翻出等风险。

注意，每次坐餐椅的时间不要超过1小时。

让宝宝学习坐餐椅

少去超市、商场等公共场所

超市、商场等公共场所人流密集，空气流通欠佳，容易传播呼吸道疾病。宝宝的免疫功能未发育完善，容易感染病毒或细菌。建议尽量不要带宝宝去超市、商场等公共场所。如果需要购物而又必须带上宝宝，建议出发前写好购物清单，根据购物清单尽快完成购物，避免带宝宝在商场、超市闲逛或久留，减少呼吸道感染的机会。

🦆 带宝宝出行要谨慎

　　带宝宝出行时，爸爸妈妈可要做好一切准备，宝宝吃的、穿的、玩的、用的都要考虑到，还要考虑到宝宝出行途中的安全设施——安全座椅。如要带宝宝坐汽车，一定要让宝宝坐在适合宝宝年龄的、固定在车内的儿童安全座椅上，并扣上安全带，避免让宝宝坐在汽车前排；停车休息或到达目的地后，一定要记得带上宝宝，避免粗心地将宝宝单独留在车内。

　　腰凳是带宝宝外出时帮助看护人减轻身体负担的工具。按世界卫生组织关于婴幼儿身体活动的指南的要求，每次宝宝活动受限制（如坐腰凳、抱在手上、背在背上、坐婴儿车）的时间应小于 1 小时。因此，不建议宝宝经常坐腰凳（除非需要带宝宝外出）。平时应多和宝宝玩耍交流。

🦆 合理使用安抚奶嘴

　　新手妈妈常纠结是否需要给宝宝用安抚奶嘴。婴儿有两种吸吮需求，一种是生理性的，即饥饿了需要进食时出现的吸吮反射，另一种是心理需求，有自我抚慰作用。所以，可以使用安抚奶嘴满足宝宝的心理要求。尤其是 2~3 月龄的宝宝，容易出现哭闹，如果排除了饥饿、疾病（如发热、疼痛）等原因，可以尝试用安抚奶嘴抚慰。随着宝宝年龄的增长，宝宝口腔技能不断发展，如满 6 个月后添加固体食物，宝宝咀嚼和吞咽的进食技能得到训练，9 月龄宝宝开始学习用杯饮水，至 1 周岁时，宝宝的吸吮动作逐渐退化消失，就自然不用安抚奶嘴了。

与 6~9 月龄宝宝交流玩耍

与 6~9 月龄宝宝的交流

在这个阶段，宝宝已经可以用各种方式，包括声音、动作和面部表情及身体姿势与爸爸妈妈沟通了，除了仔细倾听，解读宝宝和你沟通的目的外，爸爸妈妈也要用语言及身体姿势、表情、眼神及时回应宝宝的沟通信号，表达你对宝宝的喜爱。平时可以和宝宝用以下方式交流：

认认爸爸妈妈

看到爸爸说爸爸，看到妈妈说妈妈，还要和宝宝说人物的特征，如爸爸戴眼镜、短头发，妈妈长头发，爷爷的头发白，奶奶的皱纹多，促进宝宝的语言理解力和再认记忆力。

说说书里的故事

选择颜色纯正且每一页上是单一物品、人物或动物的绘本，和宝宝一起看，一边指着图，一边用语言描述。帮助宝宝用小手指指点点，然后学着你的样咿咿呀呀地与你一起"说"。爸爸妈妈可以模仿宝宝的声音回应，宝宝和你的互动是他学习共同关注、分享的重要过程，是学习语言和社交的基础。爸爸妈妈也可以根据绘本中的动物模仿动物的声音和表情，与宝宝互动，让宝宝理解"强大、害怕、弱小、可爱"等情绪或意思的表达，学习语言与动作或手势的联系，促进宝宝想象力的发展。让宝宝从小喜欢上书，这对其一生具有重要的意义。

念念童谣唱唱歌

童谣、儿歌、歌曲都是语言的不同表现形式。对宝宝来说，富有节律的童谣、伴随优美音乐的歌曲更容易吸引他的注意力，引起他发声的欲望。

跟宝宝说话的技巧

注视宝宝

说话时看着宝宝的眼睛，轻唤宝宝的名字，让宝宝熟悉自己的名字，意识到这个特殊的发音能给他带来乐趣。就像我们听到熟悉的旋律会兴奋一样，这样可吸引宝宝的注意力，宝宝更容易产生回应。

抑扬顿挫

说话声调要稍稍高一些，经常在高低音之间转换，变化语气，尾音拉长一点儿，在一句话中突出一两个词，把这一两个关键词说得夸张一点儿。

陪伴儿歌

宝宝学说话

咿咿呀呀咿呀呀，
宝宝看图学说话。
青蛙说话呱呱呱，
小鸭说话嘎嘎嘎。
我家小宝宝，
开口会说啥？
爸爸，爸爸；
妈妈，妈妈。

（莫剑敏　创作）

简短直白

简化语句的语法，用两三个词说简短的句子，如"妈妈来了""奶奶回去了"。使用具体形象的儿语词代替复杂的词汇，比如用小狗叫的声音"汪汪"代表"狗"，用"鸟"代替"燕子"等。

双向交流

要经常停顿，让宝宝发声，给宝宝说话的时间。爸爸妈妈和宝宝的交流应是双向的，就好像和朋友聊天一样，你要不时地停顿下来，让宝宝"发言"，让宝宝表达他的意思。宝宝发出"咿咿呀呀"或"哼哼唧唧"的声音，就是他"聊天"的语言，爸爸妈妈对此要有敏感的觉察和反应，用恰当的声音、表情或动作给予回应，让宝宝保持进一步与你"交流"的兴趣。

如果宝宝有所回应，或兴奋地扭动身体并发出可爱的"唧唧咕咕"声，你就可以模仿他的声音，即时给他回应，鼓励他继续表达。

借助手势

在与宝宝的语言交流中，要借助手势来帮助宝宝理解词义和认识事物，给你的手势配上声音，这有助于宝宝语言理解能力的发展。随着宝宝语言理解能力的发展，他们也会用手势来表达想说的意思，语言表达能力随之而发展。比如他们会用手指向饼干表示"我要吃"，张开双臂扑向你表示"请你抱我"，朝感兴趣的玩具挥手表示"我想玩"，而且这种手势一般都伴随着咿呀学语。会使用代替语言的手势体现了宝宝语言表达能力的发展，是宝宝开始学说话的前奏。

🦆 与 6~9 月龄宝宝玩耍

这一阶段的宝宝，最大的成就是能控制躯干，独自坐稳，并开始能随意移动自己的身体，如翻滚、坐起、爬。认知能力（如"客体永存"观念）和解决问题能力也逐步发展起来。在日常生活中，为宝宝提供可以自由活动的安全空间非常重要，可以让宝宝在玩耍中、在摸爬滚打中学会身体技能和认知技能。

挥手再见伸手抱抱

在日常生活中融入本游戏，帮助宝宝理解语言，促进语言－动作联系的发展。

跟宝宝这样玩：

❶ 这个活动在有家人外出时进行。

❷ 当爸爸要外出上班时，对宝宝说："爸爸要上班了，我们一起到门口，跟爸爸挥手说再见吧。"

❸ 将宝宝的右手举起，并不断挥动，让宝宝学习"再见"的动作。

❹ 家人若离家外出时，也要对宝宝挥手，并说："再见。"在日常生活中反复练习，宝宝就能学会挥手再见。

❺ 当爸爸或妈妈回家时，其他照护人应抱着宝宝到门口迎接。妈妈拍下手，张开两臂，对宝宝说："妈妈回来了，妈妈抱一下。"让宝宝理解拥抱的动作和词义。

翻翻滚滚坐起来

本游戏让宝宝学习翻滚移动身体的技能，提高身体的灵活性。

准备：

垫子 1 块，宝宝感兴趣的玩具数个。

跟宝宝这样玩：

1. 整理出一块场地，铺上垫子。让宝宝仰卧在垫子一侧，将一个宝宝喜欢的玩具放置在垫子另一侧。

2. 摆弄一下玩具，吸引宝宝的注意力："宝宝，来来来，拿到它。"

3. 引逗宝宝自己移动身体，必要时妈妈躺下示范翻滚动作，先由仰卧翻到侧卧，再由侧卧翻到俯卧。让宝宝模仿翻滚，并作适当协助。根据宝宝的翻滚能力，把玩具放在离宝宝翻一个身或翻两个身能够到的位置。

4. 可以把玩具放在不同的方位，让宝宝往不同方向翻滚身体。

5. 当宝宝已能熟练翻滚后，示范宝宝滚到一侧时用手支撑着坐起来，完成从躺位到坐位的体位变化。

敲敲打打摔摔扔扔

本游戏可以让宝宝自由活动、探索，学习手的技能，了解物体的特性。

准备：

金属碗、杯子各 1 只，木柄勺子 1 把；空的易拉罐，里面放进硬币，用胶布封口。

跟宝宝这样玩：

1 把金属碗反扣在地板上，爸爸妈妈示范用木柄勺子敲打碗。

2 把木柄勺子交给宝宝，鼓励宝宝自己尝试。

3 当宝宝用勺子敲打碗，发出"当当当"的声音时，及时给予鼓励，说："当当当！"描述敲时发出的声音，鼓励宝宝模仿，了解敲打不同的物体会产生不同的声音。

4 将放入硬币并封口的易拉罐扔在地板上滚动，让宝宝模仿学习摔和扔，并引导宝宝追寻滚动时的声音。

5 提供不同材质的物品，如塑料脸盆、木头盒子，让宝宝敲打，聆听发出的不同声音。也可让宝宝自己探索，套叠杯子。

爬爬乐

本游戏让宝宝学习掌握爬行技能，促进宝宝四肢力量和协调性的发展，也有助于宝宝空间视知觉的发育。

准备：

宝宝喜欢的玩具或物品 1~2 件，垫子 1 块。

跟宝宝这样玩：

❶ 选择边上有树的平坦草地，或在家中活动室的地板上进行。铺好垫子，在垫子的边缘放置玩具。

❷ 把宝宝面朝下放在垫子上。宝宝伸手够不着玩具，但经过努力可以够着。

❸ 先让宝宝学习用双臂撑起自己的身体，并利用双臂的力量匍匐爬行或移动身体。爸爸妈妈可用玩具吸引宝宝，同时说："宝宝，爬过来，来拿呀！"引逗宝宝去抓取玩具。

❹ 在宝宝努力移动身体时，鼓励宝宝："加油，宝宝，用力爬呀爬！"配合动作念儿歌《爬爬谣》。

❺ 当宝宝拿到玩具后，让宝宝玩一会儿，说："宝宝，摇摇铃铛。"

换个花样玩：

把玩具放在不同的方向，鼓励宝宝爬过去抓取。或者爸爸妈妈自己爬过去，引逗宝宝跟着爬行。

爬爬谣

小宝宝，地上趴，
舞手蹬足向前爬。
一会儿趴，
一会儿爬。
趴趴趴，爬爬爬，
咦？
后面跟着个小尾巴。
是谁呀？
哈，
原来是只嘎嘎鸭。

（莫剑敏　创作）

躲猫猫

本游戏可为宝宝提供认知学习机会，同时促进宝宝社交情绪的发展。

准备：

1 个大的靠垫或报纸。

跟宝宝这样玩：

❶ 和宝宝面对面坐在地板上，如宝宝坐不稳，可以爸爸抱着宝宝，妈妈与宝宝玩。

❷ 拿起大靠垫，挡住自己的脸，问宝宝："宝宝，宝宝，妈妈在哪儿？"

❸ 把头从靠垫的左侧探出来，说："宝宝，妈妈在这儿！"当宝宝看到了妈妈，手舞足蹈很开心时，妈妈又把头躲到靠垫后说："妈妈不见了。"

❹ 这次，妈妈在靠垫的右侧探出头朝宝宝笑："妈妈在这儿了。"引起宝宝的关注后，再躲到靠垫后。

❺ 再在左侧探出脸，说："妈妈在这儿呢！"重复以上动作数次，让宝宝学会在两侧轮流寻找妈妈。

❻ 放慢节奏，再次躲在大靠垫后，问宝宝："妈妈在哪儿呢？"当宝宝事先到另一侧等待妈妈的出现时，说明宝宝已学会了左—右这个序列。

❼ 可以增加游戏的复杂程度，妈妈先在大靠垫的左侧出现，躲到靠垫后，再在靠垫的上方出现，然后在右侧出现。几个轮回后，宝宝又学会了左—上—右这个序列。

伸手抱球坐坐稳

　　本游戏适合已能独坐片刻的宝宝，可以让宝宝学习躯干的稳定控制和平衡技能，发展宝宝的空间意识和手眼协调能力。

准备：

　　1 块软垫或毯子，1 个中等大小的塑料充气球（充气不必太足，以稍稍亏气为佳）或其他宝宝喜欢的玩具，如毛绒熊猫、小推车、汽车、布娃娃等。

跟宝宝这样玩：

① 让宝宝坐在软垫或毯子上。妈妈与宝宝面对面坐，隔约 2 个球的距离。

② 把球放在宝宝身体前倾伸手能够到的位置，鼓励宝宝身体前倾去够球。可以说："球在这儿呢，来，宝宝加油，邀请一下球！"

③ 让宝宝尝试双手够球并抱住球，坐直身体维持稳定，拍拍打打玩玩球。

④ 也可把球推给宝宝，让宝宝张开双臂身体前倾扑向球，让他尝试把球停下来，并倚靠球坐稳。

换一种玩法：

① 妈妈举起玩具，置于宝宝眼前左侧上方或右侧上方位置，让宝宝稍稍转动身体、前倾身体伸出双手去够取玩具。

② 当宝宝取到玩具后，鼓励宝宝重新坐稳身体，描述并夸奖他的能力。

③ 也可把玩具分别置于宝宝左侧或右侧，逗引宝宝向左或向右扭身去够取玩具，并学习怎样保持身体的平衡稳定。

拉绳取物

本游戏通过拉线取到玩具，让宝宝学习用手指捏取东西的技巧，增强其手眼协调性，培养宝宝解决问题的能力，适合 8~9 月龄的宝宝。

准备：

宝宝喜欢的玩具，绑取玩具用的绳子。

跟宝宝这样玩：

① 将一根绳子绑在宝宝喜欢的玩具上，鼓励宝宝够取绑着玩具的绳子。

② 待宝宝够到绳子后，观察宝宝是否能拿捏绳子。如果宝宝用手指拿捏起绳子，就给予鼓励："哇，宝宝会用手指捏绳子啦！"

③ 如果宝宝还不会用手指捏绳子，就一边示范捏绳子一边解说："宝宝，看着我，用大拇指和食指把绳子捏住了，拉一拉，轮子就会动了！"

④ 一旦宝宝捏住绳子拖动玩具，就用惊喜且略显夸张的表情给予肯定，比如说："看，小狗狗过来了，宝宝好厉害！"

变个花样玩：

让宝宝学习从躺位翻身坐起来：宝宝躺在地板上，将宝宝喜欢的玩具放在他身体一侧，引导他翻身。当宝宝翻到一侧接近玩具时，把玩具举高一点儿，晃荡绳子逗引宝宝坐起来够取。如宝宝还不会将身体翻到一侧并用双手支撑身体坐起来时，可以示范给他看。宝宝坐起后，把玩具放回地面，让宝宝身体前倾，用大拇指和食指捏取绳子，拉拉绳子，拖动玩具。

藏藏找找

本游戏可促进宝宝语言理解和认知能力的发展，让宝宝理解不见了的东西仍是存在的。

准备：

能引起宝宝兴趣的玩具 3~5 件，篮子或盒子 1 只，毯子或盖布 1 块，垫布 1 块。

跟宝宝这样玩：

① 把玩具一件一件呈现给宝宝，每呈现一件玩具，便说出这个玩具的名称、功能或特征。如："这是摇铃，摇摇会发出声音""这是皮球，会滚来滚去""这是毛绒小猴子，它有一条长尾巴"。

② 让宝宝选择一件感兴趣的玩具（其他玩具可放好，避免分散宝宝的注意力）。在宝宝面前，把这件玩具放进篮子里，用毯子盖住篮子。可把玩具的一部分，如一截儿猴子尾巴，露在篮子外面，问宝宝："找找看，玩具去哪儿了？"

③ 一旦宝宝掀开毯子，找到篮子里的玩具，要惊讶地表扬他："啊，宝宝找到了，真棒！"

④ 再把他喜欢的玩具放进篮子，盖上毯子，并把篮子藏在自己身后，问："找找看，玩具不见了，躲到哪儿了？"然后左看看右看看，扭身向后看看，做出寻找的样子，让宝宝模仿寻找。

⑤ 观察宝宝的反应，看他是否观察你的身后。等待一会儿，根据他的反应，再挪开身子，让宝宝掀起毯子，找到玩具，并给予回应："哈哈，找到啦！玩具在篮子里呢！"

⑥ 如宝宝不能找到或失去了兴趣，可演示给宝宝看，挪开身体，掀开
毯子，取出玩具，呈现给宝宝："玩具在这儿呢！"让宝宝得到玩具
玩耍。

⑦ 可以经常玩耍，让宝宝通过几个步骤学习解决问题的能力。

换个花样玩：

也可以增加步骤，如把篮子放在一块垫布上，需要宝宝拉动垫布，够
到篮子，再掀开盖布，才能取到玩具。

第四章

9~12 月龄宝宝

9~12 月龄宝宝生长发育特点

9~12 月龄宝宝体格生长

　　本阶段宝宝的体重每个月增加 0.2~0.4 千克，身长每个月将增加 1~2 厘米，头围增长比半岁内略慢些。至 12 月龄时，男宝宝的体重可达 8.6~10.8 千克，女宝宝的体重可达 7.9~10.1 千克，约达到出生时的 3 倍；男宝宝身长可达 73.4~78.1 厘米，女宝宝身长可达 71.4~76.1 厘米，较出生时增加 25 厘米；头围约 46 厘米，较出生时增加 12 厘米左右。此时，宝宝的前囟门逐渐变小并趋于闭合。

　　相对于宝宝具体的身长、体重，宝宝的生长速度更为重要。根据本书第八章中的生长曲线图找到他的身长、体重所在的位置，继续定期监测，将测量的数值标注在曲线中，确定他仍然以同样的速度继续生长发育。

　　本年龄段宝宝的体格生长逐渐缓慢而稳定，但宝宝会更加活泼好动。宝宝的食物逐渐由液体向固体转换，至 12 月龄时，宝宝的乳牙可达 6~8 颗。

9~12 月龄宝宝功能发育

从爬行到站立

宝宝掌握爬行和站立的技能注定是这一阶段的最大成就。这个阶段的宝宝从爬行成长为能自己拉着物体站立，能在沙发上爬上爬下，对身体的掌控更加自如且灵活；从能扶着家具走几步成长为能自己站，最后能独自跨出人生的第一步，这些都会让宝宝有很大的成就感。爸爸妈妈可以多提供安全的场地和机会，让宝宝学习掌握这些技能。

小手更加灵活

宝宝的小手也能做越来越多的事情了，能抓东西敲敲打打，到 10 月龄时，已经能精确地用拇指和食指捏取小东西，能捏取食物放到自己嘴里，喜欢用手指戳戳，喜欢将东西扔下，然后大声喊叫，让别人帮他捡回来，以便他可以重新扔掉。

语言、认知能力进一步发展

这个年龄段宝宝的语言、认知能力也有很大的发展，会辨认家中的亲人和陌生人，开始知道哪个是爸爸，哪个是妈妈，会用一些声音（如 mama、papa）和手势表示意思，比如会挥手表示"再见"，会拍手表示"开心""欢迎"，会伸手要人抱，会根据你的提问用手去指家中常用的物品，甚至能指认自己的嘴巴、鼻子，会根据你的手势和语言理解你的指令，把东西放到你手上。

宝宝在成长过程中不断观察世界，也在不断学习。他会仔细观察任何发现的东西，会不知疲倦地摔、滚动、扔或摇动物品，观察它们的反应，观察物体的属性，从观察中得到关于形状（有些东西可以滚动，有些不能）、质地（物体可以是粗糙或光滑、坚硬或柔软的）和大小的概念。你可以让他扔一些不同形状、颜色和构造的柔软小球（内部有一些小珠子，使滚动的声音好听一些）来学习、探索。

宝宝已逐渐明白他看不见的东西也是存在的，会好奇地寻找你放到纸盒里的东西。还会想办法取他够不着的玩具，比如，去拉垫布取你放在垫布上的玩具，通过拉玩具上的绳子拿到玩具。

这个年龄段的宝宝也会和你分享他感兴趣的事物，比如用手指着让你看，或者顺着你的眼光去看你关心的东西，关注你的表情，是惊讶、惊恐的，还是生气的、焦虑的、害怕的、鼓励的。千万不要小看这些能力和发育过程，这是宝宝情绪和社会交往能力发展的基础。宝宝也从你的表情中辨别并学习什么是他应该害怕的、什么是允许的、什么是不允许的。

邵医生提醒

不要给 2 岁以内的宝宝看视频

多在日常生活中为宝宝提供互动玩耍、交流和学习的机会，避免给 2 岁以内的宝宝看视频，包括电视节目、手机视频。

9~12 月龄宝宝的喂养

🍲 让宝宝爱上各种家常食物

多次尝试

人类天生有恐惧新食物的本能。每一种新的食物需要尝试 10~15 次，才能被宝宝逐渐接受。因此，要多次尝试。

每次只引进一种新的食物

多准备几种营养丰富的、适合宝宝年龄的食物。开始可只配以一种新食物，且只给予少量。告诉他新食物的名称，告诉他食物的功能（如吃了胡萝卜眼睛亮，不感冒），并在宝宝试吃时称赞他。如果宝宝不喜欢，则过几周后再让他尝试。每次尝试时，也可配上宝宝爱吃的一种食物。

亲身示范

示范并鼓励宝宝尝试。一旦宝宝尝试了，应用表情给予赞赏和鼓励，如宝宝不接受新的食物，不要强迫，不要加任何语言评论（避免说"他不爱吃""太淡了"等）。坦然接受，让他继续进食原来的食物，不要在宝宝面前显示任何失望、沮丧或生气的表情。

坚持不放弃

当宝宝不接受一种新的食物时，不要轻易放弃，千万不要因为宝宝拒绝某种食物 4~5 次，就断言宝宝不爱这种食物而不再提供，这样会使宝宝今后产生偏食、挑食的行为。

> **邵医生提醒**
>
> **妈妈的耐心示范很重要**
> 　　只要妈妈耐心示范、鼓励，提供宝宝学习的机会，宝宝很快就能适应新食物，学会吃家常食物的技能。

练习用杯饮水

6 月龄时可以鼓励宝宝（人工喂养儿）自己扶奶瓶吃奶；7~9 月龄时可以让宝宝练习用杯饮水。这一阶段的宝宝不仅要学习用杯子饮水，还要鼓励他拿手指状食物自喂，练习自己用勺（勺取食物，放入口中）。这样宝宝的口腔功能、手眼协调能力会发展得越来越好，有助于减少口腔问题（如流口水、地包天等），并为 15~16 月龄丢弃奶瓶打下良好的基础。

9~12 月龄适宜引入的食物

到 10~12 月龄，宝宝的膳食已经开始与其他家庭成员接近，此时宝宝的膳食包括每天 3 顿正餐和 3 次点心。

　　本阶段宝宝的食物质地逐渐过渡到碎状、丁块状、手指状，每天可安排 2~3 餐固体食物（混合食物），进餐时间与成人一致；安排 3~4 次奶。

　　家常固体食物喂养要点为：保证摄入适量的动物性优质蛋白食物，搭配各种蔬菜（尤其是深色蔬菜），提供碎的小块状食物，尤其是手指状食物。

表 4-1　10~12 月龄应该引入的食物及喂养要点

食物类别	喂养要点
乳类	母乳或配方奶，可设置在早餐（奶 + 家常食物）和 2~3 次点心时间，总乳量为 600~800 毫升 / 日
谷类	软饭、面食，75~100 克 / 日，添加量根据宝宝需要而定
蔬菜、水果类	各类新鲜蔬菜（100~150 克 / 日）、水果（50~75 克 / 日），添加量根据宝宝需要而定
肉类	每日 50 克肉禽类、鱼类或动物肝脏
蛋类	每日 1 个鸡蛋

让宝宝学习进餐礼仪

　　这一阶段的宝宝已能看懂爸爸妈妈的表情，并根据你的表情作出相应的行为反应。他开始有独立的欲望，很想模仿你自己吃饭，虽然动作还是很笨拙，不能准确地勺取食物放到自己嘴里，总是把饭菜弄得一塌糊涂。他对饭桌上的一切都很感兴趣，喜欢敲敲打打，甚至用小手去抓你碗里的菜。他也会比较好动，在餐椅上坐立不安。

学习进餐技能和礼仪，不仅是促进宝宝身体姿势控制、手眼协调、情绪和社会交往能力发展，培养宝宝注意力的良好机会，也是促进宝宝乳牙萌出及口腔功能、胃肠消化功能发育的主要途径。

规律的进餐时间

培养宝宝每天保持一致、规律的进餐时间，有利于他胃肠蠕动和胃排空规律的建立。一般安排中餐、晚餐以家常食物为主，早餐以奶为主，辅以家常食物，早中餐之间、中晚餐之间、睡前各喂奶 1 次（共 3~4 次奶），并可添加少量水果。

充足的餐前准备

备好宝宝进餐所需的东西（包括餐具、食物、围嘴），让宝宝有固定的座位（高脚餐椅）。爸爸妈妈要有足够的耐心示范、鼓励宝宝吃饭，如果鼓励等待 15 分钟，宝宝仍无张口吃饭的欲望，可让他离开餐桌，等待下一次进餐时间。

愉悦的进餐氛围

尽可能全家一起进餐，宝宝可以通过观察别人学到很多进餐时的技能和行为，如口腔两侧运送和咀嚼食物、食团的吞咽及喝汤水的技能等。进餐过程避免任何干扰，不看动画片、不玩玩具，也不能恐吓、强迫宝宝吃饭，以免宝宝有不良的进食经历，对进食产生恐惧。进餐时间一般为20~30 分钟，在规定的用餐时间结束时拿走食物，在下一次规定的进餐或喂奶时间再提供食物。

提供学习机会

准备 2 个勺，让宝宝能自己取食，允许他用勺自喂食物，学会忍受他进餐时的一塌糊涂。记住，宝宝是通过不断尝试和经历失败学会独立进餐的。为宝宝提供手指状食物，让他学习自己抓着吃。帮助宝宝使用汤匙，把着他的手舀取食物并放入他的口中。

鼓励好行为

宝宝进餐表现良好时，如学习使用汤匙，安静地坐在椅子上，学习自喂和咀嚼、吞咽，尝试新的食物时，都要给予关注，通过微笑、点头等方式给予鼓励，并用语言称赞他哪里做得好："宝宝会用勺了""宝宝这样嚼非常好"。避免全家过度地关注和夸张地表扬，如吃一口饭便全家拍手。

刻意忽视不期望的行为

如宝宝吐出食物、拒绝进食，或乱丢食物或餐具，不要笑或给予额外关注；拿走食物或餐具，并转头刻意不看，直到宝宝停止问题行为，再转头提供食物或餐具。

吃饭了

吃饭了，坐坐好，
手拿勺，碗扶牢。
饭菜香，味道好，
送进嘴巴嚼呀嚼。
吃得干净吃得饱，
身体棒得呱呱叫。

（莫剑敏　创作）

9~12 月龄宝宝的照护

避免使用学步带、学步车

这个年龄段的宝宝已经开始学习站立和走路，本阶段也是宝宝学习平衡、协调，形成大脑前庭－运动回路的关键时期。这个时候，爸爸妈妈应尽可能让宝宝自由地学习拉物站立、扶物站立和行走，避免给宝宝太多的帮助。

如果给宝宝太多的帮助，如牵着宝宝的手、扶着他的腋下行走，虽然能保证宝宝的安全，但不利于他获得自主平衡、协调身体的能力。因此，要避免这些不必要的帮助，在保证他安全的前提下（如蹲下身子与宝宝在同一水平上，鼓励宝宝向你走过来），给宝宝提供学习身体技能的机会，促进宝宝大脑感觉运动统合能力的发展。

避免使用学步带、学步车，这些用具不仅不利于宝宝身体平衡、协调能力的学习，也不利于下肢肌肉力量的协调发展。学步车会使宝宝身体前倾、重心前移、下肢肌肉紧张并踮足。学步带、学步车均影响宝宝髋部控制和身体平衡技能的学习。

学步车也容易导致意外，在楼梯口或有障碍的地方，宝宝如果在学步车中往前冲，极易导致意外伤害。

多在地板上活动

建议 1 岁以内的宝宝多在地板上活动，有利于宝宝骨骼的发育和运动能力的发展，有利于各种身体技能的获得，也有利于规律的生活日程（如床上睡觉、地板上身体活动）的建立。世界卫生组织对婴儿身体活动的指南建议是：1 岁以内婴儿每日俯趴总时间不少于 30 分钟，鼓励地板活动。

> **邵医生提醒**
>
> **不要将床作为宝宝的活动场所**
>
> 建议爸爸妈妈不要将床作为宝宝的活动场所。因为床比较软，不利于宝宝骨骼和肌肉力量的发育。同时，在床上活动不利于建立宝宝上床后进入睡眠状态的生物反馈，不利于宝宝形成良好的睡眠习惯。

给宝宝一个安全的家

这个阶段的宝宝多数可以借助爬行扩大自己的活动范围，有些宝宝甚至可以蹒跚地走上几步。宝宝对外界事物越来越感兴趣，喜欢探索、学习，但还没有危险意识，如未及时防范，意外事故的发生也会相对增多。那么怎样给宝宝一个安全的环境呢？请注意以下几点：

❶ 检查宝宝活动范围内的家具是否坚固，有无引起伤害的尖锐物，对家具角应进行防护，刀、剪、玻璃等尖锐物及打火机等应放置于安全处。

❷ 检查宝宝活动范围内有无容易引起高空坠落或跌落的隐患，在较低矮

的没有护栏的窗台、床、楼梯口等处，均应安装安全护栏。护栏高度不低于 1.1 米，栏间距不大于 11 厘米，中间不设横向栏杆，以免宝宝攀爬。楼梯的顶部和底部应安装儿童安全门。宝宝睡觉时应拉起小床护栏。

③ 不要把电热水瓶或烫的食物放置在有台布的桌上，也不要放置在宝宝能爬上去够得到的地方。

④ 应用保护套遮盖电源插座，避免宝宝用手指抠、挖插座。

⑤ 注意将所有细小物件（如纽扣、电池、硬币）、药物或杀虫剂等有毒有害物品放置于宝宝不能接触到的地方，避免宝宝把物品塞入耳、鼻、口腔中，或因误食而导致意外伤害。

⑥ 不管是照护人做家务时还是宝宝独自玩耍时，宝宝都要在照护人的视线范围内。

🍲 增加户外活动时间

阳光照射使宝宝产生内源性（皮肤合成的）维生素 D，有利于骨骼、呼吸系统和免疫系统的健康和发育，有利于昼夜节律的建立。在气候适宜的情况下，室内应开窗通风，让阳光倾泻而入，且每天应户外活动 2 小时。沐浴阳光时，可以让宝宝背对阳光坐在地板上或户外草地上，让他和你面对面玩耍交流。已能走动的宝宝，虽然只能蹒跚学步，但爸爸妈妈也要陪伴他，让他在户外阳光下自由活动，虽然宝宝可能会不断跌坐在草地上，但他会在这种失败中不断掌握技能，身体的稳定性会越来越好。如果宝宝已经会走路了，可以让他追着你小跑，去抓滚动的球，学习将身体重心转移到一条腿上，用另一条腿去踢球。

避免在烈日下暴晒，应根据气温决定户外活动时间。在炎热的夏季，可选择上午 10 点左右、下午 4 点左右进行户外活动，每次 30 分钟~1 小时，并注意到树荫下或室内休息并补充水分。如有皮疹，应避免日晒。

不同剂型药物的喂药方法

喂药物时，应避免强行喂服，如捏着鼻子、掰开嘴巴等，这样容易使宝宝产生恐惧心理，导致今后害怕勺子甚至拒绝进食。可以在药剂中加少许糖浆，或准备好宝宝喜欢吃的食物，鼓励宝宝张嘴，再直接把勺放至舌后根部，轻压舌后部，引出吞咽反射。让宝宝在还未尝到药味时咽下药物，再立即提供宝宝喜欢吃的食物。不同剂型的药物，可用不同的方式处理：

❶ 对于片剂，可用无菌剪刀剪开或用手掰开，或将药片置于干净药袋内，用瓶子滚动碾碎，再根据用量分配。将药片或药粉放在小勺内，加少许温开水浸泡，待药物溶化后喂服。

❷ 如果要给宝宝喂服胶囊，可拆开胶囊，倒出药粉，根据用量分配，用温水化开后喂服。

❸ 水剂是儿童最常见的药物剂型。如果服用水剂，可将药物直接倒入小勺喂，非常方便。

❹ 宝宝服用的中药应煎浓一些，尽量减少服药量，每次可以浓煎至 1/3 茶杯至半茶杯。增加服用次数，即每剂药可分两次甚至更多次服用。

与 9~12 月龄宝宝交流玩耍

与 9~12 月龄宝宝交流

本年龄段宝宝已能看懂你的表情，并根据你的手势、语言和表情做出相应的反应。宝宝也会关注你所感兴趣的东西，顺着你手指的方向去看，会用"指"的方式让你看他感兴趣的东西，开始有意识地叫"爸爸""妈妈"。这时，可以在日常生活中，如进餐时、准备睡觉时，与宝宝交流，并开始培养宝宝的行为规范。

说说指指

宝宝看到什么家常物品、图片，就说什么，包括名称、用途、颜色，如"杯子，用来喝水的，这是红色的杯子"，用手指着东西说，以引起宝宝的共同关注。说东西的名称或问"爸爸在哪里"，让宝宝指认，若宝宝已能发音，就问宝宝"看，谁来了"，如宝宝说"妈妈"，则重复宝宝的话"对，妈妈来了"，如是爸爸来了，则说"噢，是爸爸来了"。和宝宝玩有五官的小布娃娃，一边指着布娃娃一边说："鼻子、眼睛、耳朵、肚皮、小脚丫。"再让宝宝指认自己的五官和身体部位，或者问："宝宝的漂亮鞋子在哪里？"

让宝宝理解情感

日常生活中，如宝宝玩或触碰危险的、易破碎的或尖锐的物品，应严肃地对宝宝说"不"，让宝宝理解"不"与你的表情的关系。当宝宝获得新技能时，要微笑着说"宝宝做得真好"。让宝宝进一步理解情绪、情感，如对宝宝说"亲妈妈，妈妈就开心"，当宝宝理解了，亲吻妈妈后，妈妈要显示灿烂的笑容，表现出开心，让宝宝理解因果和不同表情的含义；当妈妈受伤了，很疼，要做出痛苦的表情，让宝宝理解，让宝宝去安抚妈妈，这时要赞扬宝宝；也可以带上手偶和宝宝玩，比如"大老虎过来了"，可配合老虎的吼声和小白兔的害怕表情，让宝宝理解害怕和恐惧。

日常生活

不管吃饭、饮水，还是穿衣、穿鞋，都要示范给宝宝看，让他学习。可以将日常自理生活技能的步骤分解，示范给宝宝看，给予尽可能少但是必要的帮助，给宝宝提供学习的机会，同时要给宝宝的动作配上相应的语言。如"宝宝要出去活动了，我们一起来穿衣""先套头，小脑袋钻出来，小手臂伸进来，钻出长袖子，再把衣服拉拉直""宝宝穿鞋子，伸出右脚丫，用力蹬一蹬，再把后跟拉；再来左脚丫，用力蹬两蹬，后跟要拉上"。通过日常生活技能的学习，让宝宝理解语言，积累词汇，同时促进四肢动作和自理能力的发展。

与 9~12 月龄宝宝玩耍

宝宝掌握爬行和站立技能是这一阶段的最大成就。从爬行到自己拉着物体站立，宝宝对身体的掌控更加自如而灵活；从扶着家具走几步到自己站，最后能独自跨出人生的第一步，宝宝会有很大的成就感。宝宝的小手也能做越来越多的事情了，他会抓东西敲敲打打，也会精确地用拇指和食指捏取小东西。爸爸妈妈要抓住宝宝的这些特征，让他的能力充分发展。

找找看

本游戏通过寻找物品，让宝宝认识、掌握空间概念，培养宝宝独立解决问题的能力。

准备：

颜色鲜艳的小糖球、透明瓶子（宝宝可以抓握的）、食品纸盒。

跟宝宝这样玩：

1 拿出颜色鲜艳的小糖球给宝宝看，再将小糖球放入瓶子内，盖上盖子。把瓶子放进食品纸盒内。

2 鼓励宝宝打开盒子。比如说："宝宝，用你的手把盖子打开！"

3 当宝宝拿掉盖子时，说："宝宝，你把盖子打开啦，你找到糖果瓶啦！"

4 让宝宝抓握瓶子，观察和把玩瓶子。

换个花样玩：

把玩具放进礼品袋里，鼓励宝宝找出来。

拉站蹲下

本游戏有利于促进宝宝身体和四肢的灵活性、协调性，增强肢体力量和身体稳定性，为宝宝掌握独立行走技能打下基础。适合已能熟练进行四肢交替爬行，但还不会拉物站立和扶物蹲下的宝宝。

准备：

坚固的儿童桌或沙发，球或者宝宝喜欢的会滚动的玩具。

跟宝宝这样玩：

❶ 把球或会滚动的玩具放在地板上滚动，和宝宝一起爬着去抓取球或玩具。

❷ 当球或玩具滚动到桌边时，把球或玩具放到儿童桌或沙发上。

❸ 示范宝宝拉着坚固的家具将两条腿维持在跪着的位置，并能直立起身体，使整个躯干稳定，再将右腿或左腿转变为蹲位。

❹ 让宝宝拉着坚固的家具或沙发站立起来，并扶着家具站稳。

❺ 一旦宝宝成功了，就鼓励他："宝宝能站起来了，能干。"

也可以这样玩：

当宝宝学会扶着家具站稳了，就鼓励宝宝学习一手扶着家具，慢慢放低身体，蹲下。让宝宝在蹲的位置，取回放在地上的玩具，再站直。

还可以这样玩：

慢慢移动沙发上的玩具，鼓励宝宝扶着沙发移动身体去取玩具。

进一步这样玩：

鼓励宝宝用双手和身体的协调力量爬上沙发，再自己想办法把腿往地板上放，回到地板上。

捡豆豆

本游戏可促进宝宝的手眼协调力，以及拇食指对捏的精细动作的发展，发展宝宝手部小肌肉群的运动能力，培养宝宝的自信心。

准备：

广口塑料瓶 2 个；白芸豆、黑豆等颜色、大小不一的豆子适量，分别盛放在两个盘子里。

跟宝宝这样玩：

❶ 把瓶子、盛放豆子的盘子放在小桌上，让宝宝倚靠在小桌子边。

❷ 告诉宝宝，妈妈要把盘子里的豆子装到瓶子里去。示范用拇食指捏起一粒豆子，轻轻放进瓶子。鼓励宝宝与妈妈一起来把豆子装进瓶子。

❸ 把另一只盘子放到宝宝面前。妈妈捡一粒，宝宝跟着捡一粒；若宝宝动作熟练了，可以母子同捡，还可以比比谁捡得快。

❹ 宝宝如果把豆子都捡进瓶子里了，就夸奖他："宝宝把豆子都装进瓶子里啦，宝宝会帮妈妈干活了！"

换个花样玩：

让宝宝把一只瓶子里的豆子倒进另一只瓶子里，把两只瓶子里的豆子倒过来倒过去。

翻山越岭钻洞取物

本游戏可以让宝宝学习爬行技能，增加肢体的协调性，促进宝宝空间视知觉的发育、大脑两半球功能的连接和交替运动能力的发展，有利于宝宝情绪调控能力的发展。

准备：

玩具若干。

跟宝宝这样玩：

❶ 爸爸双脚着地弯腰，双手向前撑在地面上，形成一个"山洞"。

❷ 在"山洞"的一头堆放好玩具，妈妈鼓励宝宝爬（钻）过"山洞"去拿玩具。

❸ 宝宝拿到玩具后，鼓励宝宝往回爬（钻）过"山洞"，把玩具交给妈妈。

❹ 当宝宝钻过"山洞"时，爸爸妈妈要为宝宝鼓掌加油。宝宝为妈妈拿回玩具时，妈妈要及时给予鼓励，并数一数玩具的数量。

换一种玩法：

妈妈坐在地板上，伸直两腿，或放一些靠垫。把宝宝喜欢的玩具藏在大腿的另一侧或靠垫的另一端，鼓励宝宝爬过妈妈大腿或翻过靠垫取玩具。

下 篇

克服
育儿的烦恼

在宝宝出生的第一年，爸爸妈妈会和宝宝一起，面临无数的挑战。

这些挑战，是养育孩子过程中的烦恼，也是你了解自己的宝宝、建立亲子关系的独特契机。爸爸妈妈要耐心感受宝宝的需求，不仅要给宝宝适宜的营养，也要给宝宝一个安全的、充满交流和陪伴的优质环境。

让我们一起加油，与宝宝一起克服这些烦恼，让宝宝健康、安全地长大吧！

第五章

营养适宜身体棒

如何补充维生素

维生素 D

维生素 D 主要来源于阳光照射。天然食物中的维生素 D 含量极少，如一个蛋黄含维生素 D 20 国际单位（IU），1 升母乳中含维生素 D 20~40 IU，谷类、蔬菜水果等几乎不含维生素 D。

维生素 D 对宝宝的骨生长和骨矿化非常重要，对宝宝免疫功能的发育成熟、脑发育都有着重要作用，且有助于减少呼吸道感染、哮喘等的发病风险。1 岁以内的宝宝每天需要 400 IU 维生素 D。目前还没有既能确保宝宝获得足够维生素 D，又不增加其他疾病隐患的安全紫外线照射阈值，因此建议纯母乳喂养的足月宝宝从出生后 2~3 天开始每天添加维生素 D 400 IU，直至能从强化食品或日常阳光照射中获取足够的维生素 D。

目前国内有维生素 D 强化的食品是配方奶粉。如果人工喂养的宝宝每天摄取 750 毫升或以上的配方奶，一般不需额外补充维生素 D 和钙。也可少量补充维生素 D，如每天补充维生素 D 200 IU（即隔天补充维生素 D 400 IU）。

维生素 A

维生素 A 对宝宝的免疫和视觉发育、上皮黏膜完整和细胞分化等，都有重要作用。维生素 A 主要来源于动物性食物的视黄醇形式的化合物和植物类食物的类胡萝卜素。视黄醇形式的维生素 A 几乎都来源于动物性食物，如动物肝脏、鱼肝油、蛋黄等，而类胡萝卜素广泛存在于自然界红色、橘黄色和黄色植物（如胡萝卜）及深绿叶菜中。1 岁以内的宝宝每天需要摄入 300~350 微克 RAE（RAE 即视黄醇活性当量，1 微克 RAE=3.3IU 视黄醇）的维生素 A。配方奶粉和母乳中所含的视黄醇分别约为 60 微克 RAE/100 毫升，57 微克 RAE/100 毫升。

配方奶粉喂养宝宝一般不需要额外补充维生素 A。WHO《基本营养行动》不建议新生儿及 6 月龄以下宝宝补充维生素 A。因此，哺乳的妈妈每天的膳食结构应合理，应摄入足够的动物类食物和富含类胡萝卜素的深色蔬菜。如乳母或 6 月龄后的宝宝不能从膳食中摄取足够的动物性食物，或宝宝有维生素 A 缺乏的症状，可适当给宝宝补充维生素 A。目前，常用的补充剂有鱼肝油或维生素 AD 丸。鱼肝油中含维生素 A（维生素 A 与维生素 D 的比例为 3∶1，即 1500 IU∶500 IU），每日 1 粒鱼肝油或维生素 AD 丸（上述剂量）已能满足宝宝的生理需要。足月宝宝如已经补充维生素 AD, 则不要同时补充维生素 D，除非在医生指导下使用。

邵医生提醒

请不要过量补充维生素 A、维生素 D

　　爸爸妈妈应认真阅读婴儿食品和营养补充剂上的标签，了解婴儿食品（如婴儿配方奶粉）和补充剂中的维生素 D 含量（10 微克 =400IU）。注意，宝宝从食物和补充剂中摄取的维生素 D 须小于 1000IU/日，如大剂量补充，必须遵从医生指导。同时，注意补充剂中的维生素 A 含量，避免因过量补充导致脂溶性维生素 A、维生素 D 蓄积性中毒。

如何补充钙

维生素 D 和钙、磷是宝宝骨骼生长和矿化需要的原料。母乳中含有丰富的、比例适宜的、易于吸收的钙和磷，每 100 毫升母乳中约含钙 30 毫克，钙磷比例为 2 ： 1。宝宝每天吃 700~800 毫升的奶就能摄取到生长发育所需要的钙（0~6 月龄：200 毫克 / 日，6~12 月龄：260 毫克 / 日）和磷。配方奶中也含有丰富的钙（约 50 毫克 /100 毫升）和磷。因此，宝宝可从乳汁中摄入足够的钙，无须额外补充。但哺乳妈妈每日需要的钙量约为 1000 毫克，如果食物满足不了，妈妈就要额外补钙了，否则妈妈自身会脱钙。

但以下宝宝可能需要额外补钙：

❶ 早产宝宝：孕晚期胎儿通过胎盘从母体获得钙，32~36 周达高峰，早产导致宝宝不能从母体获得足够的钙。出生后宝宝追赶生长，需要更多的钙满足骨骼生长的需求。因此，早产儿发生骨软化症风险较高，尤其是极低出生体重儿（出生体重低于 1500 克的宝宝）。

❷ 宫内生长迟缓的宝宝：无论胎龄多大，出生体重低于 1800 克的宫内生长迟缓的宝宝都需要额外补钙。

❸ 有慢性肺部疾病或支气管、肺发育不良的宝宝。

❹ 在新生儿期住院时需要长期肠道外营养（超过 4 周）的宝宝。

❺ 需要某些药物（如影响骨矿物质吸收的利尿剂、皮质激素）治疗的宝宝。

一般母乳强化剂、早产配方奶粉中均强化了钙，满足早产宝宝对钙的需求。如早产宝宝是纯母乳喂养或普通配方奶粉喂养，应在医生指导下补钙。

如何补充铁

检查宝宝的血红蛋白主要是为了筛查宝宝是否贫血和缺铁。铁主要参与形成血红蛋白，为宝宝的生长发育提供足够的氧，一旦缺铁严重，会造成贫血。

除了参与造血，铁也对宝宝的大脑发育非常重要。比如，铁参与大脑的神经代谢和髓鞘化形成。已有研究发现，出生前或出生后早期缺铁的宝宝长大后记忆功能、注意力和情绪发展都较不缺铁的宝宝差。血常规中的一些指标，如血红蛋白等可以反映宝宝的铁营养状况。

一般妈妈在怀孕的 280 天里，尤其是孕末期的 3 个月，给宝宝储备了足够的铁，供宝宝在出生后的 4~6 个月使用。4~6 个月后，宝宝的铁储备已消耗殆尽，需要从食物中摄取铁。目前国家儿童保健规范中规定，足月宝宝在 6~9 月龄时需要检测血红蛋白，以便早期发现缺铁，及时补充。

哪些宝宝容易发生缺铁，需要及早关注呢？以下宝宝的缺铁风险将增加：

❶ 铁储备不足的宝宝：如母亲孕期缺铁或有缺铁性贫血、妊娠糖尿病甚至抽烟（或二手烟暴露），产时有大出血。宝宝是双胎、早产儿、低出生体重儿（特别是出生体重小于 1800 克的低出生体重儿）、足月小样儿（足月但出生体重小于 2500 克），或者新生儿期有贫血。

❷ 铁摄入不足、需要量多的宝宝：出生后纯母乳喂养（母乳中含铁少，约为 0.27 毫克 /100 毫升），宝宝生长发育快。

❸ 铁丢失多的宝宝：如肠道过敏、出血的宝宝。

建议尽早检查：早产、低体重、双胎、新生儿期有贫血的宝宝，建议出院后 1 个月检查；纯母乳喂养的宝宝建议在出生后 4~6 个月检查血常规。

出生后 4~6 个月仍在纯母乳喂养的足月宝宝，可预防性每天补充元素铁 1 毫克 / 千克体重，直至可从膳食中摄入每日所需的铁。

6~12 月龄宝宝的铁推荐摄入量为每天 11 毫克。宝宝从 6 个月起应添加富含铁的营养米粉，逐渐再引入瘦肉泥、肝脏泥等。如体检血常规提示贫血或缺铁，应该遵从医嘱补充铁剂。

早产、低出生体重的宝宝，建议从出生 2~4 周起，在医生指导下每天补充铁剂 2 毫克 / 千克体重（包含母乳强化剂、强化铁的婴儿配方奶及其他富含铁食物中的元素铁），至矫正月龄 12 个月。

常用的铁剂有蛋白琥珀酸铁口服液，每支含元素铁 40 毫克 /15 毫升，即元素铁 2.7 毫克 / 毫升。如 7 千克足月宝宝需补充元素铁每天 1 毫克 / 千克体重，则需要每天服用蛋白琥珀酸铁口服液 2.5~3 毫升。

日常食物中含铁比较丰富的食物有动物血（如猪血、鸭血）、肝脏（如猪肝、鸭肝）、瘦肉（如猪肉、牛肉）、芝麻、黑木耳、全麦、燕麦、豆制品、各类蔬菜（如苋菜、菠菜）等，但植物性食物中的铁的吸收率低于动物性食物中的铁。维生素 C、氨基酸可促进铁的吸收，而草酸盐、咖啡因等会抑制铁的吸收。因此，食物制作和搭配很重要，如黑木耳烧肉有利于铁的吸收；菠菜用开水焯过，可去除草酸盐，利于铁的吸收。

如何补充锌和其他微量营养素

母乳中维生素 K 含量较低，新生儿（特别是剖宫产的新生儿、早产儿）肠道菌群尚未建立，无法合成足够的维生素 K_1；使用抗生素的婴儿，肠道菌群可能被破坏，有维生素 K 缺乏的风险。一般新生儿出生后即给予肌内注射维生素 K 1~5 毫克，连续 3 天，可有效预防新生儿维生素 K 缺乏性出血症，尤其是致命性颅内出血的发生。如出生后未给予肌内注射维生素 K，纯母乳喂养宝宝从出生至 3 月龄，可每日口服维生素 K_1 25 微克，或出生后口服维生素 K_1 2 毫克，出生后 1 周和 1 月龄时再分别口服 5 毫克，共 3 次。婴儿配方奶粉中添加了足量的维生素 K_1，用婴儿配方奶粉混合喂养或人工喂养的宝宝，一般不需要额外补充维生素 K。

6 个月内宝宝能从母乳或婴儿配方奶粉中获得足够的锌和其他维生素、矿物质。乳汁中维生素和矿物质（包括维生素 A、维生素 C、维生素 B_1、维生素 B_2、维生素 B_6、维生素 B_{12}、碘等）及脂肪酸浓度较容易受乳母膳食影响，因此纯母乳喂养的哺乳期妈妈应摄入富含蛋白质和各种微量营养素的膳食，如肉、禽、鱼、蛋、奶等富含长链多不饱和脂肪酸、钙、锌和维生素 A 的动物性食物，每周食用 1~2 次动物内脏（猪肝、鸭肝或鸡肝），每周食用 1 次海带或紫菜，每日食用牛奶 400~500 毫升、大豆类 25 克、各种各样的蔬菜 500 克、水果 200~400 克，保证维生素 C、B 族维生素和叶酸、胆碱的供给（参见本书第 013 页"怎样让妈妈有充足的乳汁"）。

满 6 个月后宝宝开始添加辅食，建议食物多样化，包括足够的动物性食物，如肝脏泥、肉末。动物性食物中含有丰富的维生素 A、锌和其他微量营养素，如果膳食中没有足够的动物性食物，或宝宝是早产或低出生体重儿，建议咨询医生，在医生指导下通过强化食品或补充剂增加锌或其他微量营养素的摄入。

邵医生提醒

早产宝宝的营养补充

　　早产宝宝由于宫内营养储备少，出生后追赶生长，维生素 D、钙、磷及铁的需求较足月宝宝高。建议一定要定期随访，听从医生的指导，进行额外补充。

第六章

让宝宝睡个好觉

了解宝宝的睡眠

宝宝的睡眠姿势

宝宝睡觉时采取的姿势与他的形体发育和健康密切相关。宝宝大致有3种睡眠姿势，即仰卧、俯卧和侧卧，究竟哪种姿势是宝宝睡眠的最佳姿势呢？其实，各种姿势都有其优缺点。

仰卧最常见。仰卧对全身的血液循环非常有利，但它有两个不足之处：仰卧时脸朝上，一旦发生呕吐，容易引起窒息；仰卧时宝宝头往往偏向一侧，时间长了容易把头睡扁。

侧卧时，宝宝全身肌肉放松，可以得到充分的休息，有利于全身各脏器的生长发育。因此，喂养后入睡的宝宝应避免仰卧，可用包被支持宝宝微微向右侧卧，头转向一侧，以利于奶液由胃部向十二指肠运送，避免呕吐后窒息。为避免影响宝宝颅骨发育，可左右两侧轮换侧卧。待宝宝长至无溢乳、呕吐等情况后，可仰卧睡。

俯卧有助于宝宝胸部和肺部的生长发育，同时可以防止因呕吐物吸入气管而引起窒息。但俯卧易导致窒息和婴儿猝死，故不鼓励小婴儿俯卧睡。

一般而言，宝宝能自由翻身后，都会采用自己最舒服的姿势。在婴儿期早期，也可根据宝宝以上生理和骨骼发育特点，由父母帮助宝宝采用仰卧和不同的侧卧睡眠姿势。

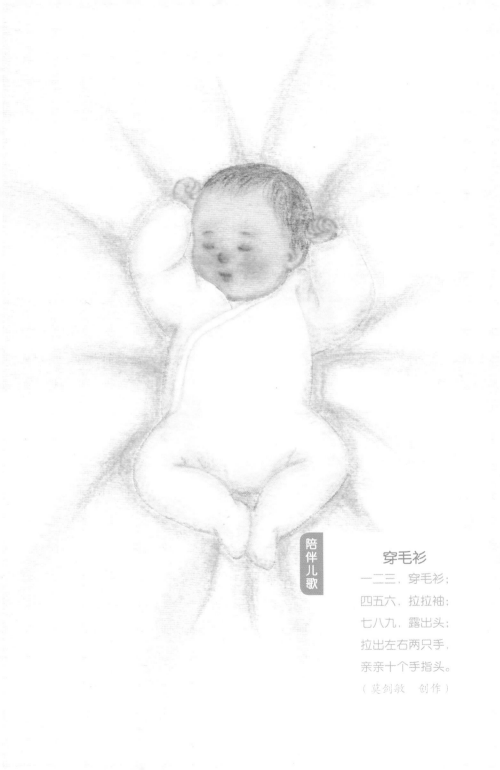

陪伴儿歌

穿毛衫

一二三，穿毛衫；

四五六，拉拉袖；

七八九，露出头；

拉出左右两只手，

亲亲十个手指头。

（莫剑敏　创作）

培养宝宝单独睡小床

宝宝单独睡小床有诸多好处：睡眠时可以不受大人干扰；可以避免因大人翻身、棉被翻动等造成的不安全因素；避免可能的不利因素，如吸入成人呼出的废气或容易被成人疾病感染等。当宝宝睡小床时应注意：

❶ 宝宝的小床要有围栏，照护人离开时一定要及时拉上围栏。

❷ 床垫要透气，不能过软。宝宝睡觉时避免头面部遮盖，床头避免放置轻薄塑料袋或其他物品，以防遮盖宝宝口鼻，发生意外窒息。

挑选合适的宝宝枕

只要掌握两个原则即可：

❶ 枕头要柔软、清洁、透气，可用全棉的绒布或柔软棉布制作，勤清洗，保持干爽。

❷ 枕头高度与宝宝的生长发育情况相匹配：出生时可不用或用 1~2 厘米厚的小枕头，至 3 月龄后可用 3~4 厘米厚的小枕头，以保证宝宝呼吸良好、有利于宝宝颈部生理弯曲发育的为佳，避免宝宝头部过度屈曲或过度伸展，并可根据宝宝的生长情况，逐渐调整。

对于容易回奶或溢乳的宝宝，可以用枕头或小棉被做靠垫，使宝宝呈头高脚低的斜 30° 右侧卧位，避免乳汁反流而引起吸入或窒息。

头高脚底的斜 30° 右侧卧位

宝宝的睡眠时间

睡眠与宝宝的生长和大脑发育密切相关。出生后让宝宝逐步建立与年龄一致的昼夜节律和规律的睡眠日程，将有助于宝宝的生长发育。

一般 3 个月以内的宝宝，总睡眠时间约在 15 小时以上，昼夜不分，每次小睡时间短，只能睡 2~3 小时；3~6 月龄的宝宝睡眠时间在 14~15 小时，晚上睡眠时间占全天总睡眠时间的 2/3，每次睡眠时间与日间清醒时间增长；6 个月以上的宝宝睡眠时间在 13~14 小时，白天睡 2~3 次；至 1 岁时白天只睡 1~2 觉，夜间睡大约 9 小时。

要注意的是：

❶ 宝宝之间个体差异较大，有些宝宝睡得多些，有些宝宝睡得少些，爸爸妈妈不用太在意宝宝睡眠时间的长短，只要宝宝身体健康，精神状态好，就说明他睡眠充足。

❷ 要预料到有些因素，如疾病或日常行程的改变会打乱宝宝的睡眠节奏。宝宝达到某些发育节点（学会爬行、拉站等）时，睡眠节奏也会被暂时打乱。

❸ 从宝宝 3 个月起要逐渐培养他自动入睡的习惯，即养成良好的入睡前流程。这样，在宝宝后面的成长过程中，你就会轻松很多。

让宝宝一夜睡到大天亮

在宝宝出生后，爸爸妈妈要有意识地培养宝宝的昼夜节律。昼夜节律随着大脑生理性生物钟的形成而形成，正常情况下与太阳的昼夜活动一致。明亮—黑暗交替循环的外界环境，有助于宝宝生物钟的建立，而夜间的"长明灯"会影响昼夜生物节律的形成。

培养宝宝的昼夜节律

宝宝刚出生时无昼夜节律，培养宝宝建立昼夜节律，学会自动入睡，一夜睡到大天亮，将为宝宝今后的生长发育打下良好基础，这也是宝宝出生后第一年中要培养的重要行为规范之一。

首先，爸爸妈妈要理解睡眠生理。成人一夜的睡眠由 4~6 个睡眠周期组成，每个睡眠周期为 90~110 分钟，宝宝的每个睡眠周期为 40~50 分钟，比成人短。每个睡眠周期都经历了清醒—浅睡眠—深睡眠—活动睡眠—短暂觉醒的过程，即由非快动眼（NREM）睡眠和快动眼（REM）睡眠两个阶段构成，两者交替进行并有规律循环。每个睡眠周期之后有短暂觉醒，而后进入下一个循环。因此，所有宝宝每夜都会短暂觉醒 6~7 次，出现躁动、惊叫甚至啼哭。建议此时不要马上安慰或喂奶，宝宝会自动进入下一个周期，经常安慰或喂奶反而干扰宝宝的睡眠规律，影响睡眠。

非快动眼睡眠与宝宝的生长有关，前半夜较多，有脉冲式的生长激素分泌高峰，快动眼睡眠与宝宝的大脑皮层发育有关，是宝宝把白天看到的、听到的东西形成长时程记忆的睡眠，后半夜较多，所以宝宝后半夜睡眠往往不太安稳。

其次，要了解睡眠卫生，培养宝宝自动入睡的习惯：

① 培养昼夜节律，即白天能有规律地进食、活动，多晒太阳，有规律地安排日间小睡、喂养和活动；3 月龄后逐渐减少夜间喂养次数至 1~2 次，至 6 月龄时可引导宝宝形成整夜睡眠。

② 保持一致的睡眠环境，即房间安静、黑暗、凉爽（不要太热）；只把卧室作为睡眠的场所，避免有其他干扰（如电视机），避免将床作为玩耍或活动的地方。

③ 建立固定的就寝流程，包括安静而愉快的活动，吃完奶后再洗澡，洗澡后更衣上床、关灯、唱催眠曲等，随着宝宝的成长你可以坚持这个日程。避免将喂养、哄抱作为睡眠的信号和安抚条件。

④ 培养宝宝自动入睡的习惯，避免上床吃奶或哄抱入睡。在宝宝迷迷糊糊但还未入睡时就把他放在床上，让宝宝自己进入睡眠状态；半夜宝宝扭动、出声可能只是因为一个睡眠周期结束，可轻拍诱导他进入下一个睡眠周期。如需要喂养，也要在更换尿布或分散注意力后再喂养，喂养后让其自动进入下一个睡眠周期。

生理上，宝宝 6 个月以后已不需要夜间喂养。如能坚持良好的睡眠卫生习惯，宝宝在 6 个月后就能形成一夜睡到大天亮的好习惯了。

宝宝经常夜醒怎么办

每个宝宝都有自己的气质特点，有的宝宝规律性好，有的宝宝敏感、反应强度大。宝宝经常夜醒，有的是由于宝宝的气质，有的是由于爸爸妈妈在无意中让宝宝养成了不良的伴睡习惯。如宝宝每次先洗漱，到床上玩，再在吃奶、哄抱中或摇着入睡，长此以往，宝宝就需要在你的帮助下才能入睡。这种伴睡条件的形成似乎没有任何预兆，但需要一段时间，慢慢地宝宝会频繁夜醒，需要你的这些帮助才能再次入睡，甚至在帮助下仍难以进入下一个睡眠周期。

怎么让宝宝学会一夜连续的睡眠呢？这需要全家坚持一致的原则，因为一个良好的行为习惯需要至少 2 周时间的坚持才能形成。

建立睡眠时间表

建立合适的、较固定的就寝时间表。设置较早的就寝时间（晚上 9 点以前），根据宝宝的年龄和个体差异，确定宝宝日间小睡的频率和时间。如 3~6 月龄宝宝日间可睡眠 2~3 次，每次睡 1~2 小时；6~12 月龄宝宝日间可睡眠 2 次，每次睡 1~2 小时。

建立睡眠程序

建立一个持续遵守的、规律的睡眠程序。如睡前安静活动，上床前半小时喂奶，吃完奶后洗漱，洗漱后换上睡衣睡裤，上床，关灯并轻轻哼唱催眠小曲。

宝宝要睡觉

小狗不要叫，

小猫不要跳，

小鸟不要闹，

静悄悄，

静悄悄，

宝宝要睡觉。

ng ng ng —

宝宝要睡觉；

o o o —

宝宝要睡觉；

ao ao ao —

宝宝要睡觉……

（莫剑敏　创作）

培养自动入睡

　　在进行以上睡眠程序后，待宝宝进入迷糊状态时就把他放在床上，让他学会自动入睡。自动入睡是让宝宝学会整夜连续睡眠的关键，当他可以自己进入睡眠状态时，哪怕睡眠周期结束夜间醒来时，他也可以自动进入下一个睡眠周期。

逐步消退法

　　当宝宝不能自动入睡，上床后或在你离开时不停地哭闹时，不要马上回应，等待片刻直至你不能忍受（等待 1 分钟），回去检查宝宝是否安全，轻拍宝宝并轻轻哼唱或告诉他是睡觉的时候；检查必须短暂（不超过 1 分钟），检查的目的是让宝宝心里有安全感，同时也让你自己放心。而后逐渐延长等待的时间，如等待 2~3 分钟后检查，再延长至等待 5~10 分钟后检查。对某些宝宝，频繁的检查很有效，但对某些宝宝，少检查更有效。

　　当然，反复这样做，对妈妈来说非常困难。毕竟，听宝宝哭闹会让妈妈的情感和体力均受到挑战，并且妈妈可能出现怜悯、愤怒、担忧和怨恨等复杂的情感反应。但一定要记住，这是宝宝的学习过程，他不是故意的。开始时宝宝可能会持续哭 40~50 分钟，第 2、第 3 天可能会更长，但很快宝宝就能学会自己入睡，最终你和宝宝及全家的生活会变得更加轻松。

第七章

宝宝生病了不要慌

胃肠道和腹部问题

🦆 溢乳、呕吐

喂养后，小婴儿会从口角、口腔甚至鼻腔溢出乳汁，这在医学上称为溢乳，属于一般生理现象，与宝宝的消化道结构、生理特点和喂奶方法有关：

① 宝宝的胃呈水平状，胃底平直。

② 宝宝食管入胃部的口（贲门）发育得不如胃的出口（幽门）完善，也就是说，宝宝的胃入口松、出口紧。

③ 0~3 月龄宝宝的胃容量小，肌肉和神经发育不成熟，肌肉张力较低。

④ 喂奶前哭闹，吸空奶头，吃奶过快、过急，奶瓶喂养时乳汁未充满奶嘴，都易造成宝宝吞入大量气体，导致宝宝容易溢乳。

为了减少溢乳，并避免溢乳可能导致的奶汁吸入或窒息等问题，建议爸爸妈妈注意如下几个方面：

① 喂养时应注意喂养方式，与宝宝互动交流，避免宝宝吃奶过快、过急。

② 喂养后应将宝宝竖抱并轻拍其背部，待宝宝排气后再让宝宝向右侧卧。

③ 可将易溢乳的宝宝放至头高脚低的斜坡 30° 右侧卧位。

④ 喂养后尽量避免经常翻动宝宝。

⑤ 宝宝吐奶时，应将宝宝的头侧向一边，擦掉吐出的奶液或奶块，防止

因误吸导致的气管异物吸入或窒息。

如发生下列情况，应及时就医：

❶ 吐出的奶中含有黄绿色、咖啡色及血性的物质，吐奶量大，有酸味或粪便样气味。

❷ 新生儿出生后 24 小时还没有排胎便，或出生 3 天后还没有排净胎便，排便困难，呕吐越来越重。

❸ 宝宝吐奶频繁、精神差或伴有发热，吐奶呈喷射性。

❹ 宝宝吐奶次数多，同时伴有腹胀或大便次数、性状改变等症状，如大便次数多、水样或稀糊状、酸臭或恶臭、含泡沫或黏液等。

❺ 在出生后 7~10 天（生理性体重下降期）内，体重下降超过出生体重的 9%；或出生 7~9 天以后，体重仍增长不良甚至下降（参见本书第八章生长曲线图），生长发育延迟。

经常胀气

有的食量大、生长快的宝宝经常出现小脸涨红、身体扭动、腹部用力撑的动作，肛门排气后会有所缓解。这是因为宝宝（尤其是低体重的早产宝宝）生长快速，需要追赶生长，每天摄入的能量和蛋白质按千克体重算远超过其他年龄段的儿童和成人。因此，这些宝宝胃肠道负担较大，而胃肠功能还没有发育完善，肠道菌群未完全建立，肠道容易产气，易因为排气不畅而出现胀气。一般 3~6 个月后这种现象就会自然缓解、消失。帮助缓解胀气的方法有：

① 继续纯母乳喂养，因为母乳中的 α – 乳清蛋白非常有利于消化吸收，可减少肠胀气；母乳中的乙型乳糖含量丰富，有利于益生菌（如双歧杆菌）生长，并产生 B 族维生素，有利于肠蠕动。妈妈可多吃富含纤维素和益生元的食物，如各类蔬菜、水果。

② 当宝宝出现喂养后胀气时，可竖抱宝宝以帮助排气。

③ 常常给宝宝按摩腹部，可在进食后半小时到 1 小时进行。用手掌在宝宝脐部周围顺时针缓慢画圈按摩 10 次，再逆时针按摩 10 次，可交替进行，促进宝宝胃肠蠕动，帮助缓解肠胀气。

④ 必要时可服用益生菌，帮助建立肠道微生态，缓解肠胀气。

⑤ 如是配方奶喂养的宝宝，可咨询医生，根据宝宝大便性状、肠胀气的症状，改用特殊配方奶粉，如部分水解蛋白配方奶粉等。

🦆 便秘

宝宝出生后 1 年内，常常由于生长发育较快，营养需求大，而神经功能、胃肠功能未发育完善，出现一些胃肠功能紊乱的症状，如经常胀气、小脸撑得通红，肛门排气多或便秘，3~4 天甚至 1 周才能解一次大便，有时大便干燥、硬结或粗大。一般大便每周 2 次或更少，排便疼痛或干硬，或大便粗大，即可考虑为便秘。

首先，应检查有无食物过敏，如牛乳蛋白过敏。配方奶喂养的宝宝如果便秘，可能是牛乳蛋白过敏的症状之一，如无其他表现，可改用适度水解配方奶粉，改善便秘和胃肠道不适症状。但如有皮肤湿疹、胃食管反流、生长迟缓等其他表现，建议到医院就诊，由医生诊断、指导后给予特殊配方奶粉喂养。如果是纯母乳喂养，妈妈可以多吃果蔬，增加纤维素摄入，选择富含益生元的食物（如洋葱、芹菜等），以通过母乳帮助宝宝建立健康的肠道微生态。

其次，可以添加富含双歧杆菌的益生菌；平时多在地板上俯卧活动（按世界卫生组织建议，每天趴卧 30 分钟以上，可分次进行），多做腹部按摩，以改善便秘症状。也可咨询医生后外用开塞露润滑、刺激肠蠕动后排便。

一般宝宝满 6 月龄并添加辅食后，随着蔬果类食物的增加，宝宝的便秘症状自然逐渐缓解。但有以下表现时，应及时看医生：除便秘外，伴有呕吐、腹胀；皮肤湿疹明显；进食差，精神软，或烦躁、哭闹不止；生长发育不良。

🦆 脐部突出来

生长速度快的宝宝因能量、蛋白质摄入多，胃肠道消化负担大，肠道产气多，腹压高而腹壁肌肉未发育完善，容易出现脐部膨出甚至脐疝，一般以早产宝宝多见。这种情况一般不需要特殊处理。大多数宝宝在 2 岁内可自行缓解。

🦆 脐部潮湿发红

脐部潮湿发红常常是由脐部不洁、处理不当所致，严重时会导致细菌感染甚至败血症，出现发热、少吃、少动、少哭等症状。因此，不能轻视脐部出现的任何问题。如果脐部潮湿发红，应根据以下方法处理：

① 轻微的炎症，如仅仅是脐部潮湿或轻微的发红，可用蘸上聚维酮碘的棉签清洁脐窝和脐周，从脐轮至脐窝内部轻轻擦洗，每天 1~2 次，直到脐部恢复正常。

② 当有脓性分泌物时则需要用双氧水清洁至没有泡沫产生，再用上述方法进行处理。

③ 当用上述方法处理 2~3 天无效或症状加重，或宝宝出现少哭少动少吃、皮肤黄染加深或发热等现象时，要立即去医院就诊，以免脐部感染而导致严重的败血症。

🦆 腹痛

腹痛是宝宝常见的急性腹部症状。原因有多种，常见的 1 岁以内宝宝的腹痛原因有：肠绞痛、牛乳蛋白过敏、肠套叠、腹股沟疝嵌顿、肠闭锁或狭窄、裂孔疝、睾丸扭转、肠扭转、急性胃肠炎、外伤等。如宝宝出现以下症状和表现，应及时就医：

① 间歇性哭闹，哭闹时无法抚慰，面色苍白，或有呕吐，有时有黏液样血便，提示肠套叠可能。

② 伴有发热、呕吐、腹泻等症状。

③ 腹部胀满或紧张，哭闹时宝宝呈四肢屈曲痛苦状。

④ 大便有血，呕吐，吐出咖啡样、绿色胆汁样液体。

⑤ 腹股沟包块不能回纳，提示有腹股沟疝嵌顿可能。

🦆 腹泻

腹泻表现为大便次数较往常增多，大便为稀便或水样便。一般妈妈都会知道自己的宝宝是否有腹泻。腹泻最常见于 6~24 月龄宝宝，也常见于小于 6 月龄的人工喂养宝宝。腹泻持续时间短于 14 天的是急性腹泻，时间持续 14 天以上的是迁延性腹泻。急性腹泻会使宝宝脱水，体重增长不良或下降，严重脱水可导致死亡。迁延性腹泻一般与营养不良、生长迟缓有关。

轮状病毒导致的腹泻一般发生于秋冬季，多见于 6~24 月龄宝宝。宝宝最初可有呕吐、流涕或低中度发热等表现，之后表现为腹泻，大便次数增多至每天 7~8 次甚至 10 多次，呈蛋花汤样或水样便，有时含有泡沫或有酸臭味。大便检验未提示细菌感染，显示"轮状病毒阳性"即可确诊。轮状病毒感染病程一般在 1 周左右。

什么情况下应就医

一旦宝宝有以下表现，应尽快就医：

❶ 大便多达 7~8 次 / 日或以上，稀便或水样便，或大便有脓或血，或伴有明显呕吐，不能吃奶或喝水。

❷ 宝宝精神差、哭闹不安，或嗜睡、昏睡，甚至发生惊厥。

❸ 宝宝有脱水表现：口唇干燥，眼窝凹陷，哭时眼泪少，喝水很急，尿少，皮肤弹性差（捏起皮肤后回复很慢，回复时间大于 2 秒）。

如何预防宝宝腹泻

❶ 宝宝的照护人一定要勤洗手（按照六步洗手法用流动清水和肥皂洗手），尤其是护理宝宝前、换洗尿布或接触不洁物品后、喂养宝宝前。

❷ 人工喂养宝宝的奶粉冲泡后应及时喂养，奶瓶每次使用后及时清洗，尤其要刷洗瓶底、奶嘴等易积储奶汁残余之处。奶瓶刷洗干净后及时煮沸消毒、晾干并放置于清洁橱柜备用。

❸ 母乳喂养前，妈妈要注意洗手，在擦净乳晕、乳头和乳房后再哺乳。

宝宝腹泻时的家庭处理

❶ 一旦有腹泻，建议继续母乳喂养，可增加母乳喂养次数以替代补液，避免脱水。因为妈妈的乳汁是等渗的液体，有丰富的抗体，有利于缓解脱水，促进康复。对于已添加辅食的宝宝，可在温开水或米汤、面汤中加少许盐，用小杯或勺喂养宝宝，以补充液体。

❷ 预防脱水：按照医嘱用口服补盐液 1 包，冲 500~750 毫升开水。当宝宝腹泻时，按腹泻量给予口服补液，避免脱水。

❸ 按照 WHO 的指南给腹泻宝宝补充锌，可促进肠黏膜修复，缩短病程。

❹ 注意对宝宝臀部和肛周皮肤的护理：由于大便呈酸性且次数增多，会刺激臀部和肛周皮肤，因此每次便后应用清水洗净擦干，用呋锌油或鞣酸软膏涂在宝宝的肛周和臀部皮肤。

❺ 遵照医嘱治疗。

皮肤和过敏问题

🦆 婴儿尿布疹

婴儿尿布疹也称为尿布皮炎。宝宝的皮肤娇嫩，臀部皮肤如果受酸性大便的刺激，容易出现皮疹。宝宝得了婴儿尿布疹，起初会臀部发红，有红色皮疹，继而有渗出，最后甚至糜烂。

如何预防并处理尿布疹呢？主要办法是勤换尿布，保持臀部干爽。每次便后用温水洗小屁屁，洗后用毛巾吸干，再均匀涂抹一层薄薄的油性软膏（如呋锌油或鞣酸软膏）保护皮肤。不要扑粉，因粉和汗或尿结块后更易刺激皮肤。当宝宝已有尿布疹时，更需要及时更换尿布并勤加护理，还应选择柔软且吸水性、透气性好的纯棉尿布。

🦆 婴儿湿疹

湿疹也称为特应性皮炎，是婴儿期的常见问题，实际上是一组皮肤症状的总称。初期表现为皮肤发红、发干、脱屑或渗出，偶尔有小水泡，时间长了，皮肤变得干厚、粗糙，开始结痂。特应性皮炎多见于家族成员有特应性皮炎史、哮喘史、食物（或花粉）过敏史或环境（如尘螨）过敏史的宝宝。特应性皮炎的病因不是很明确，与过敏的关系也不是很清楚，但基因起了很重要的作用。接触性皮炎是宝宝接触了某些过敏刺激物后产生的皮疹，如某些食物、宝宝自己的口水、粗糙的毛织物等。

婴儿期湿疹在出生后数周至 6 个月内出现，宝宝皮肤发红、瘙痒，面颊、额头或头部有红色丘疹，常在面部、头部进展，也可扩散至躯干和手臂。与其他皮炎相比，湿疹最明显的区别是有明显的瘙痒感。

一旦宝宝得了湿疹，就要带他去看皮肤科医生，请医生明确诊断并给予适当的治疗。湿疹通常可以得到控制，会在数月或数年后逐渐消失。最有效的方法是避免皮肤干燥和发痒，避免触发湿疹的因素，比如避免接触致敏物。可配合以下措施：

❶ 使用皮肤保湿剂，如保湿乳霜、软膏，减少皮肤干燥和瘙痒。

❷ 婴儿宜用温水洗浴（水温不可过高，洗澡时间不可过长），如用婴儿皂，可用温水冲洗 2 次以彻底洗净肥皂残余，快速擦干后 2~3 分钟内用乳霜或软膏涂抹全身以锁住皮肤水分。

❸ 穿纯棉、柔软、透气而宽松的衣服，避免粗糙的毛呢或人造织物，不要用衣服或绑带裹紧宝宝身体。

❹ 如宝宝皮肤干燥、瘙痒明显，可用棉纱布浸冷开水后，进行冷湿敷，再涂处方软膏。

❺ 处方用的软膏一般含有激素，是治疗的一线用药，要在医生指导下使用。按照医嘱使用很重要，不能自行停用，否则易导致复发。

拍水花

拍拍水，起水花，

玩玩水，堆浪花。

水花花，

浪花花，

打湿衣衫乐翻娃，

开心小脸像朵花。

（莫剑敏　创作）

🦆 皮肤黄疸

宝宝在出生 2~3 天后小脸蛋、眼白会逐渐发黄，接着躯干和四肢皮肤也会出现不同程度的黄染。持续 1 周左右后，皮肤的黄染会渐渐消退。这种现象一般在出生后 2~3 天出现，出生后 7~10 天消失，而且宝宝表现无异常，吃奶量正常，哭声响亮，活动如常，医学上称为新生儿生理性黄疸。早产儿的生理性黄疸一般在出生后 2 周左右才渐渐消退。

生理性黄疸是一个自然的生理过程，是由于新生儿肝功能发育还不完善，肝内的葡萄糖醛酰转移酶活性不足，出生后肠肝循环不完善和胆红素释放过多引起的，一般不需要特殊处理。但遇到下列情况要及时去看医生，避免黄疸过高引起胆红素脑病。

❶ 出生后 24 小时内就皮肤发黄，并且进展很快。

❷ 宝宝出现吃奶少、少哭少动或腹胀、反应差等症状。

❸ 皮肤黄染持续不消退，足月儿超过 7~10 天，早产儿超过 2 周还没有消退。

❹ 皮肤黄染消退后又重新出现，宝宝皮肤、巩膜发黄且大便呈陶土色。

有的皮肤黄染可能与母乳喂养有关，表现为生理性黄疸持续时间较长，有些甚至持续 1~2 个月后才逐渐消退，但宝宝的精神状态始终很好，吃奶量正常，生长发育正常。一般停喂母乳 5~6 天后，黄疸会有明显的减退；继续喂母乳，黄疸可能又出现，但程度较轻，这种情况称为母乳性黄疸。母乳性黄疸不影响宝宝生长发育，随着宝宝年龄的增长，肝脏功能逐渐发育成熟，皮肤黄染逐渐消退，也不需特殊处理，建议继续母乳喂养。

呼吸道和胸部问题

🦆 咳嗽

咳嗽的原因多为呼吸道感染，如咽炎、喉炎、气管炎、支气管炎、肺炎等。因为患有喉炎或肺炎时往往病情发展较快，严重时可危及宝宝的生命，所以当咳嗽较频繁或剧烈，或如犬吠样咳嗽，或咳嗽伴气急、面色不好时，应及时到医院就诊。当宝宝阵发性咳嗽较剧烈时，还要警惕气管异物吸入的可能，尤其是宝宝吃了瓜子、花生等食物发生呛咳时。当宝宝咳嗽时，要密切观察有无以下表现：

① 呼吸增快：学会数宝宝的呼吸，当宝宝安静睡眠时，数 1 分钟呼吸次数，使用有秒针的手表或手机计时，观察宝宝胸部或腹部的起伏次数，一起一伏为一次呼吸。2 月龄以下宝宝呼吸频率 ≥ 60 次 / 分，2~12 月龄宝宝呼吸频率 ≥ 50 次 / 分，要考虑呼吸增快。

② 胸凹陷：让宝宝平躺或将宝宝抱在怀里，拉起宝宝衣服，观察宝宝安静吸气时有无胸骨下部胸壁凹陷。当宝宝吸气有困难或比平常用力时，会出现吸气时胸壁凹陷。当呼吸困难时，胸凹陷明确可见并一直存在。若宝宝仅在哭闹或进食时出现胸壁凹陷，或是肋间凹陷，则不是胸凹陷。

③ 听喘鸣声：喘鸣是气流通过狭窄气道时发出的一种噪音。当喉、气管、

会厌水肿时，宝宝会发出一种喘鸣声。宝宝吸气时发出的喘鸣声为喉喘鸣。

如宝宝咳嗽，有以上任何一种危险体征，则提示肺炎或喉炎可能，应立即就医。

由于儿童尤其是小年龄的宝宝往往缺乏通过咳嗽排除痰液的能力，因此如果宝宝咳嗽，应在消除炎症的同时，辅以稀释痰液的咳嗽药治疗及胸部物理治疗，而非单纯给予镇咳处理。

🦆 乳房肿大

新生宝宝在出生后 4~7 天乳腺可增大至蚕豆或核桃大小，2~3 周后消退。这与宝宝刚出生时体内存在一定量的来自母体的雌激素、孕激素和催乳素有关。部分宝宝的乳房甚至有少许乳汁。此时，不要去挤压宝宝的乳房，以避免感染。

有的女宝宝出生后乳腺肿大且持续不消退，或出生后数月出现乳腺肿大，这可能是由于体内有少量的雌激素、孕激素脉冲分泌。医学上将这个时期称为小青春期，一般在 2 岁内逐步消退。

如宝宝乳腺肿大并有进行性增大，或至 2 岁乳腺肿大仍不消退，则应及时就医，排除内分泌疾病（如原发性甲状腺功能减退、中枢神经系统疾病）或其他疾病。

🦆 肋缘外翻

肋缘外翻是指婴儿胸廓下缘有一水平凹陷，导致肋骨下缘有外翻的现象，常见于6~12月龄宝宝。此时宝宝胸廓发育加快，骨质较软，受附着于胸廓的膈肌牵引力作用，胸廓下缘出现一水平凹陷，而肋骨下缘显示外翻。

如果宝宝生长发育比较快（如体重、身长增长快），平时提供的维生素D或钙、磷不能满足宝宝骨骼生长和矿化的需要，就有可能表现出"肋缘外翻"的体征。当然，一旦给宝宝提供的维生素D和饮食中的钙不能满足他的骨骼生长需要，根据年龄的不同，宝宝可能还会有其他症状或体征，如3~6月龄宝宝会有易激惹、烦躁、睡眠不安等症状，6月龄后会有方颅、鸡胸或漏斗胸等骨骼畸形。

如果有以上的症状或体征，尤其是早产儿、低出生体重儿（出生体重小于2500克的宝宝）或双胎儿、多胎儿，及出生后生长快的宝宝，应尽早请医生诊断治疗。

医生要做相应的检查，包括X线摄片观察骨骼改变，检查血中的25-羟维生素D、钙、磷、碱性磷酸酶等的水平，了解是否有佝偻病的骨骼表现，确定是不是营养素（如维生素D、钙、磷）缺乏或不足导致的骨骼改变。

如果确诊为营养性佝偻病或维生素D不足（缺乏），应按照医嘱补充维生素D，一般治疗剂量为2000 IU/日，用1个月，再改为生理需要量（400~600 IU/日）维持，同时保证钙摄入或补充钙剂。

多进行身体活动，尤其是基于地板的俯爬活动，有利于胸廓发育和骨骼的重塑。1 岁以内的宝宝应尽量穿连体衣，避免因穿松紧裤束缚胸廓，出现肋缘外翻。

🦆 漏斗胸

漏斗胸是一种以胸骨内陷为特征，前胸壁似漏斗状的胸廓畸形。漏斗胸的原因并不确定，可能是不协调的肌肉力量给胸骨和肋软骨造成异常压力和拉力，可能是软骨的结构和生长缺陷，可能是肋骨生长异常，也可能是以上因素的综合影响。也有部分是由于在胸廓快速发育阶段，所提供的维生素 D 和（或）摄取的钙、磷不能满足宝宝胸廓发育和骨矿化的需求而造成的，也有的是由遗传性疾病导致的。

如经医生诊断考虑为营养性佝偻病导致的漏斗胸，应按佝偻病给予治疗（参见肋缘外翻），辅助身体活动和锻炼；如胸廓畸形明显应考虑外科矫形。

生殖器和四肢关节问题

🦆 臀部皮纹不对称

臀部皮纹不对称是先天性髋关节脱位的可疑表现之一。先天性髋关节脱位即宝宝的髋关节发育欠佳，使股骨头部分或完全脱出髋臼外。如在 1 岁以内发现，治疗效果较好。有以下情况应警惕先天性髋关节脱位可能：

❶ 新生儿期宝宝的大腿和臀部皮纹左右不对称，两下肢活动较差，仰卧时两下肢外展活动受限制。外展试验（即屈髋关节、膝关节各 90°，再分髋外展）外展受限制。

❷ 宝宝的两下肢左右不等长。

❸ 5~6 月龄时，宝宝还不能腋下扶着站立，15 月龄还不会独走，行走时会有跛行现象。

如有上述情况，应尽早就诊，4 月龄内宝宝可进行 B 超检查，6 月龄以上宝宝建议进行骨盆 X 线平片检查，了解髋臼及股骨头发育状况。如 B 超或 X 线检查提示先天性髋关节脱位或先天性髋关节发育不良，应尽早去小儿骨科就诊。一般 6 月龄内宝宝先天性髋关节脱位的非手术治疗效果较好。

摸不到睾丸

"摸不到睾丸"即任何时候宝宝的单侧或双侧阴囊空虚，摸不到睾丸，考虑隐睾可能。隐睾是因为睾丸没有按正常发育过程从腰部腹膜后下降到阴囊内，多发生在单侧，以右侧多见，也会发生在双侧。

如有以上发现，要尽早看医生，可做 B 超检查。2 岁前应完成手术。

尿道下裂

尿道下裂是由于胚胎前期尿道发育不全，尿道沟不能完全融合至阴茎头的远端，致使尿道口位于冠状沟至会阴之间的任何部位，可以同时伴有阴茎下曲畸形。如怀疑有尿道下裂，应及时去小儿泌尿外科就诊，确定严重程度（即类型）。尿道下裂的严重程度依据尿道口位置和阴茎的弯曲角度分级。异位尿道口距正常阴茎头部尿道口的距离越长，阴茎弯曲角度越大，病情越严重：

❶ 一度（轻度）：尿道口开口于阴茎头或冠状沟，表现为尿流方向改变。

❷ 二度（中度）：尿道口开口于阴茎体部。

❸ 三度（重度）：尿道口开口于阴囊或会阴部。

轻度尿道下裂，尤其是尿道口位于阴茎头部，除尿流方向改变外，对其他功能没有太大影响，通常不需要手术矫正。手术矫正的目标是建立正常功能和外观的阴茎，一般在 6~18 月龄进行尿道成形术，健康足月宝宝推荐在 6 月龄时手术。

一度（轻度）尿道下裂

二度（中度）尿道下裂

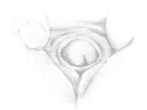

三度（重度）尿道下裂

🐤 O 形腿或 X 形腿

O 形腿或 X 形腿都是佝偻病的体征，一般多见于已会独自走路的宝宝，如 12 月龄以后的宝宝。宝宝会走后，双下肢承受身体重量，如骨矿化不足，骨质较软，受重力牵引，易发生下肢畸形：O 形腿或 X 形腿。表现为伸直两下肢，双足踝部并拢时，两膝部分离（O 形腿）；或两膝部并拢时，双足踝部分离（X 形腿）。

导致 O 形腿或 X 形腿最常见的原因是营养性佝偻病，即维生素 D 不足导致钙磷代谢紊乱，使生长中的长骨干骺端和骨基质矿化不全，骨质软化或疏松。1 岁后如发现宝宝有 O 形腿或 X 形腿，应及时看医生，检查血液骨代谢指标，摄 X 片明确诊断。有的佝偻病并不是维生素 D 缺乏导致的营养性佝偻病，而由一些先天性遗传性疾病导致，如家族性低磷性佝偻病、抗 D 性佝偻病。应诊断明确后再给予相应的治疗。

O 形腿　　　　　　　　　　　　X 形腿

如诊断为营养性维生素 D 缺乏性佝偻病，建议根据医嘱治疗 3 个月，监测血液骨代谢指标和 X 片恢复状况。以后每天补充生理需要量的维生素 D 400IU，多进食富含钙质的食物，如乳类（母乳、配方奶、牛奶等）、虾皮、海带、豆制品等，必要时补充钙剂，且每年定期进行健康检查，监测营养状况。如双下肢骨骼畸形明显，3 岁时仍不能在骨生长和重塑过程中恢复，建议去小儿骨科就诊，进行矫形治疗。

足内翻

足内翻是最常见的足部先天性畸形，表现为单足或双足的足尖向下，低于足跟，呈马蹄形，足部内翻，足部内缘高于外缘。6 月龄内宝宝主要通过手法矫正或石膏矫正，6 月龄以上宝宝根据马蹄和内翻的畸形程度，确定是否手术治疗。

> **邵医生提醒**
>
> **不要过分担心宝宝的生理性"内八"**
>
> 1 岁以内的宝宝有生理性胫骨弯曲（生理性"内八"），这并不是佝偻病导致的 O 形腿，随着年龄增长和长骨的发育，这种现象会逐渐消失。

头颈部及眼、耳、鼻、口腔问题

🐤 头经常歪向一边

如果宝宝出生后头经常歪向一边，则需要排除先天性肌性斜颈。先天性肌性斜颈是由一侧胸锁乳突肌挛缩引起的先天性畸形。一般可在头倒向侧的颈部摸到枣核大小或索条状、质地硬、固定的肿块，头向该侧转动困难。随着宝宝年龄的增大，这种畸形会影响宝宝的面部发育。

如疑有先天性肌性斜颈，可做患侧颈部胸锁乳突肌 B 超检查帮助诊断。1 岁以内宝宝可采用理疗或手法矫治；1 岁以上且非手术治疗无效者可采用手术治疗。

斜视的宝宝头也会经常歪向一边，如果排除了先天性肌性斜颈，应去眼科就诊，进一步排除眼病。

🐤 耳朵流液（或流脓）

如果宝宝耳朵流液或流脓，且宝宝时常抓挠耳朵、易激惹，则应警惕中耳炎可能。

耳朵通过一根细小的咽鼓管与鼻腔后部及咽部相通。1 岁以内的宝宝的咽鼓管短而宽，近似水平位。宝宝上呼吸道感染，如鼻咽部炎症、扁桃体炎症等都比较容易蔓延至中耳，导致中耳炎；溢乳或呕吐后，乳汁流入耳道，如未及时清理干净，也容易导致中耳炎。

急性中耳炎都发生于急性上呼吸道感染后。有的宝宝在鼻塞、流涕数天后，出现发热、耳痛、耳部流脓等症状，严重者会出现高热、惊厥、呕吐等类似脑膜炎症状。因宝宝不会用语言表述，爸爸妈妈要仔细观察，及时发现异常，一旦宝宝有耳痛（抓耳朵、烦躁、哭闹）、耳朵流脓等症状，要及时诊治。诊断明确后，遵医嘱进行抗生素治疗和局部治疗，且应用足疗程。

慢性中耳炎常常因急性中耳炎治疗不及时、不彻底，或细菌毒力较强所致，慢性扁桃体炎、慢性鼻窦炎（经常流脓涕）也是本病的主要因素。宝宝可表现为耳朵流脓、对声音反应慢，有时会牵拉患侧耳朵。应及时治疗，避免导致听力损失。

分泌型中耳炎是不伴急性中耳感染的中耳积液，与咽鼓管功能障碍、感染和免疫反应有关，主要影响听力和语言功能发育。研究发现有 50% 的婴幼儿在 1 岁以内患过分泌型中耳炎。分泌型中耳炎症状不是很明显，宝宝会有间歇性的轻度耳痛、耳部不适表现，如抓耳朵、对周边声音不敏感、语言发育落后等。建议平时养育过程中仔细观察宝宝表现，及时发现可疑异常，及时就诊；定期健康检查，包括听力筛查、耳镜、声导抗测试等。

🦆 眼睛经常流泪

如果宝宝经常流泪，应检查是否为先天性鼻泪管阻塞或倒睫。先天性鼻泪管阻塞是由于鼻泪管下端的开口被先天性残膜封闭或被鼻泪管的管腔膜上皮细胞残屑阻塞。表现为出生后不久单眼或双眼经常流泪或溢泪，伴或不伴黏性或脓性分泌物。

也有的流泪是眼部炎症或鼻部炎症导致一过性泪道阻塞、泪道狭窄后遇冷风刺激引起的泪溢；也有的是由倒睫刺激导致的。

鼻泪管阻塞症状在 6~7 月龄尚未消退或阻塞症状严重的婴儿应至眼科进一步评价和治疗。

🦆 鹅口疮

鹅口疮是白色念珠菌感染导致的急性假膜型念珠菌口炎，多见于新生儿和 6 个月以内的小婴儿。表现为口腔黏膜上附着点状、片状白色凝乳状膜，不易擦去；如强行擦拭剥离则露出黏膜下鲜红的糜烂面。宝宝可表现为拒奶、啼哭不安，其他全身症状不明显。

如宝宝有上述情况，应及时就医确诊。治疗方法为：喂奶后，用棉签蘸 1%~2% 碳酸氢钠溶液清洗宝宝的口腔，每 2~3 小时一次；或用制霉菌素甘油擦洗局部，每天 3~4 次。

为了预防鹅口疮，应注意口腔卫生和食具消毒。母乳喂养的妈妈，喂养前注意洗净双手，用温水擦净乳头、乳房，可用碳酸氢钠溶液清洗乳头，勤换内衣。人工喂养宝宝的奶具清洗和消毒参见腹泻章节。

舌系带过短

　　舌系带是指附着于舌体与下颌牙床之间的一根筋膜，刚出生时常附着于舌尖与下颌牙床的牙龈边缘上，随着年龄的增长、牙齿的萌出，此附着点会往后推移。如发育推移速度过慢，会影响舌运动和语言功能发育。一般舌系带在下切牙萌出后会推移到正常位置。

　　如舌头伸出至下唇前缘，舌尖呈明显的 W 形，则可能是舌系带过短，就诊后应根据严重程度尽早做舌系带成形术，如不明显，建议观察，观察舌系带是否随着宝宝年龄增长推移到正常位置。手术可在 5~18 月龄间进行，以免影响宝宝的语言功能发育。

急诊和意外伤害

🦆 发热

　　体温升高是宝宝生感染性疾病时常见的一种临床表现，是宝宝机体抵抗病毒或细菌入侵的一种生理反应。正常婴儿的肛温在 36.9~37.5℃，舌下温度较肛温低 0.3~0.5℃，腋下温度为 36~37℃。不同个体的正常体温稍有差异，但一般认为，肛门温度 ≥ 38℃就是"发热"了。当然，在宝宝身体活动后、喝了热的奶或水后，体温都会升高。

　　当宝宝发热时，可按以下步骤操作：

①　判断体温，并观察精神状态、面色，检查有无咳嗽、腹泻、呕吐等其他症状。

②　当新生儿肛温超过 37.5℃，6 月龄以下宝宝肛温在 38℃以上，6 月龄以上宝宝肛温在 39℃（腋温 38.5℃）以上时，建议就医诊治；发热宝宝伴有精神差、面色灰、手足冷、腹泻、呕吐或少吃少动等症状时，应及时就医。

③　若发热温度不高，进食、精神状况均良好，面色红、手足温暖时，应对症处理，密切观察。

④　多给宝宝饮水或喂母乳，让宝宝多休息。吃母乳或饮水后宝宝尿量增多，可帮助降温和排出体内病毒。

⑤ 6 月龄以上宝宝可多吃富含维生素 C 的食物，如新鲜橙汁。

⑥ 当宝宝发热时，可采用以下措施：①解开外衣散热，尤其不要包裹捂汗。②采用解热贴降温。③当肛温超过 39℃（腋温 ≥ 38.5℃）时，可使用退热药。2 月龄以下宝宝不推荐使用退热药，2~6 月龄宝宝可使用对乙酰氨基酚，6 月龄以上（含 6 月龄）宝宝可使用对乙酰氨基酚或布洛芬降温，用药间隔不小于 6 小时。④如采用上述降温方法无明显效果，体温仍呈上升趋势，或宝宝有明显不适感时，应就医处理。

有些宝宝在接种疫苗 6~8 小时后有轻微的发热（一般小于 38℃），除此之外并无其他不适。此时，对症处理即可，不要轻易给予药物治疗，以免影响疫苗的效果。

邵医生提醒

学会给宝宝量体温

可在颈前、腋下、口腔或肛门处测体温，在后两处测得的体温较准确，但一般推荐腋下测温，更方便、安全。测量体温时，推荐使用电子体温计，不推荐使用水银体温计。

🦆 惊厥

惊厥是一种症状，可由多种原因引起，多见于 6 月龄至 2 岁宝宝。一般 3 月龄内宝宝的惊厥多见于新生儿颅内出血、缺氧缺血性脑病、感染（如化脓性脑膜炎）、先天性代谢性疾病等。6 月龄至 2 岁宝宝最常见的是热性惊厥，也有因营养性佝偻病导致的低钙性惊厥、婴儿痉挛症及中枢神经系统感染（如化脓性脑膜炎）等。

惊厥发作时，宝宝突然意识丧失，两眼凝视或上翻，面部或四肢抽动，一般持续 1~2 分钟，最长可达 10 多分钟。如在高热时发生，称为热性惊厥，与宝宝神经系统未发育完善有关，有的有家族史。

一旦宝宝发生惊厥，应立即作以下处理：

❶ 立即让宝宝侧卧，或让宝宝的头偏向一侧，并及时清理抽搐时口腔内产生的大量分泌物，防止分泌物吸入，解开衣领和所有束缚的衣服或裤带，减少和避免不必要的刺激。切忌掐人中、撬开口腔、摇晃宝宝等，避免因此产生的进一步伤害。

❷ 保持呼吸道通畅，将宝宝头部维持于正中位，避免过度伸展或屈曲。

❸ 积极降低体温（参见本书"发热"相关内容），解开衣服。

❹ 立即送医院进一步诊治。

🦆 烧烫伤

如宝宝已经能移动自己的身体，比如能翻滚、自己从躺位坐起来，能自己爬行时，一定要警惕宝宝发生烧烫伤。宝宝对周围环境中的危险，如尖锐物的刺伤、烫伤、触电等还没有防范意识，因此要采取措施避免这些伤害：

❶ 避免在宝宝近旁或抱宝宝时一手端着烫的物品或食品。

❷ 避免将烫的食物或开水放在宝宝可能够到或有桌布的桌上，避免宝宝爬行时拉扯桌布，或攀爬桌子致烫伤。

❸ 在厨房设置儿童栅栏门，随时关门并锁上，避免宝宝无意中闯入。

❹ 洗盆浴时，先用自己的手肘试水温，当水温适宜时（37~38℃），再将宝宝放入浴缸；洗淋浴时，应先调试好水温，不要让宝宝靠近水龙头，避免他自己转动热水开关，同时避免因水温不稳定导致的烫伤。

一旦发生烫伤，应冷静下来并及时处理：

❶ 马上除去衣服或用剪刀剪开衣服，及时用冷水（自来水或大盆水）冲洗烫伤处，冷疗持续 30 分钟~1 小时，使创面不再剧痛。

❷ 有条件的话，可在水中放冰块以降低水温，但不要直接用冰块冷敷伤处，避免冻伤。可将冰块融化后的水放入水袋中，用毛巾包裹后再冷敷创面。

❸ 不要自行弄破水泡，应用干净的纱布包裹伤口。

❹ 在不确定烫伤情况及没有消毒的情况下，不要自行涂药，以免加重污染。

❺ 及时送医院处理。

🦆 跌落伤

跌落伤是可以预防的，关键在于防范跌落伤的发生。一旦宝宝获得自己移动身体的技能，如翻身、爬行等，就要警惕并防范跌落伤了。应在宝宝可能发生跌落伤的地方，如窗台、床、楼梯口、露台等处安装护栏。护栏高度不低于 1.1 米，栏间距不大于 11 厘米，中间不设横向栏杆，以免儿童攀爬。无论做什么，宝宝都应在看护人的安全视线范围内，以对宝宝的意外作出及时的反应。室内地面应防滑，以木地板、地毯为佳。

一旦宝宝发生跌落，应及时判断并准确处理。

如为头着地跌落，宝宝马上有哭声，意识清楚，精神尚好，说明没有明显脑损伤表现，应安抚宝宝使他安静、平躺，查看有无外伤情况。如有血肿，可按压并冷敷，再送医院检查。如跌落后无哭声或短暂哭声后出现意识模糊、精神差、呕吐等症状，应立即就医，以免延误病情。

如为肢体着地跌落，短暂哭闹后，四肢活动正常，精神好，没有特定部位的触痛，说明无骨折。查看有无外伤，如仅皮肤及软组织擦伤，可用聚维酮碘消毒，外涂云南白药，用消毒纱布及绷带裹好。如哭闹不止，或肢体活动受限，局部红肿、触痛明显，应立即就医。在医生明确诊断之前，尽量不要随便移动宝宝肢体，不要做按摩、揉搓动作，以免加重病情。

🐤 误吸异物、意外窒息

宝宝误吸异物或噎食窒息是危急情况，需要及时救治，否则会危及宝宝生命。一旦宝宝发生异物误吸或噎食窒息，应立即按照下列步骤判断和处理：

判断是否导致呼吸困难或窒息

一旦误吸异物或噎食窒息，宝宝会发生剧烈呛咳，或异物卡在喉部、喘憋，严重者出现呼吸困难，表现为吸气困难，吸气时胸壁凹陷，并出现面色苍白或青紫、口周发绀、烦躁等症状，甚至能听到喉部喘鸣声。

如果异物已吸入小气道

首先应保持呼吸道通畅，让宝宝平躺，肩背部用小毛巾卷稍稍垫高，头部稍后仰，颈部伸直，观测宝宝呼吸和心跳，同时立即呼叫 120，迅速送宝宝去有条件去除气管异物的医院。

如果异物堵塞大气管

如果宝宝有窒息和呼吸困难表现，首先检查宝宝口腔及咽喉部，如在可视范围内发现有异物阻塞气道，可用手指取出阻塞物。如用此方法不能处理，应立即采用徒手急救（又称海姆立克急救法）：

❶ 上腹部拍挤法：适用于 1 岁以上宝宝。宝宝面部朝前，使其背部紧贴成人胸腹部，成人双手环抱宝宝腰腹部，一手握拳，另一手包绕拳头握拳；双臂快速收紧，使握拳的两手向上向里按压；可反复操作 5~10 次，直到导致窒息的异物或食物排出，气管阻塞解除。注意操作力度，用力过猛或操作不当有损伤宝宝胸腹腔脏器的风险。

❷ 拍背法：适用于 1 岁以下宝宝。成人单腿屈髋屈膝，抱起宝宝，使宝宝头向下，面朝下，身体依靠成人大腿和膝部，单手用力拍宝宝两肩胛骨之间 5 次；将宝宝翻正，面部朝上，头低脚高位，在宝宝胸骨下半段，用食指和中指迅速按压 5 次；重复上述动作，直到异物或窒息食物排出。操作时注意操作力度和姿势，保持宝宝头低脚高位，可重复多次。

误吸异物和意外窒息重在预防。婴幼儿会厌部未发育成熟，进食时哭闹、嬉笑或吸食食物时容易发生气管堵塞或异物吸入。注意避免在宝宝哭闹、嬉笑玩耍时喂食，避免给宝宝提供花生、硬糖以及果冻、布丁软糖、水果等圆滑食物；家中的危险小物品如扣子、硬币、电池、玻璃珠子、玩具小零件等均应妥善保管，安全放置于宝宝不能触及之处。

上腹部拍挤法

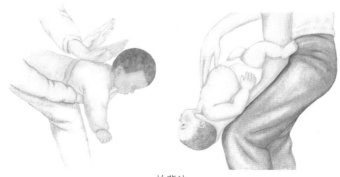

拍背法

第八章

了解 0~1 岁宝宝健康管理

0~1岁宝宝健康检查

新生宝宝的家庭访视

为了保障新生宝宝的生存和健康成长，我们国家的基本公共卫生服务为出生 28 天内的新生宝宝提供了 2 次医学家庭访视。

第一次访视

一般第一次访视在新生宝宝出院后 1 周内，社区卫生服务中心的医务人员会上门了解宝宝的健康状况，如宝宝的皮肤有没有黄疸、皮疹、脓疱疹，皮肤皱褶处是否潮红、糜烂，脐带残端有没有脱落，脐部是否清洁、干燥，眼睛、耳朵有没有分泌物，口腔是否有鹅口疮，男宝宝的睾丸位置是否正常；了解宝宝的吃奶、大便情况；还要称宝宝的体重，了解宝宝是否有生理性体重下降或体重增长状况。爸爸妈妈如果有什么问题，可以咨询医务人员，包括母乳喂养中遇到的问题，以及关于维生素 D 添加、疫苗接种、新生儿疾病筛查等的问题。

如宝宝有以下任何情况，应立即去看医生：

❶ 发热（体温 ≥ 37.5℃）或体温低下（体温 ≤ 35.5℃）。

❷ 吃奶无力，少哭少动，反应差，面色灰。

❸ 呼吸急促，呼吸频率 ≥ 60 次 / 分（在宝宝安静时观察他的腹部，一

起一伏为一次呼吸），或呼吸困难（如宝宝呼吸快，同时鼻翼翕动，还会发出呻吟样的声音）。

❹ 宝宝皮肤很黄，腹部、手心和足底都黄。

❺ 宝宝皮肤上有较多脓疱，或脐部红肿，有脓性分泌物，或双眼有很多脓性分泌物。

❻ 宝宝有呕吐症状，腹部胀鼓鼓的，腹部的静脉隐约可见。

❼ 宝宝有惊厥或抽搐症状（如两眼凝视或口角抽动、四肢强直等）。

第二次访视

第二次为满月访视，在宝宝出生后 28~30 日进行。因为此时宝宝需要接种乙肝疫苗第二针，因此可以带宝宝去社区卫生服务中心进行第二次访视。

🛁 满月建卡

在带宝宝去卫生服务中心（或卫生院）完成满月访视后，要记得在社区卫生服务中心建立儿童保健档案卡，即《母子健康手册》。

儿童保健档案卡（《母子健康手册》）将记录宝宝的体格生长、神经认知、行为发育的过程及健康检查的结果，包括体重、身长、头围、营养喂养状况、血红蛋白水平等。

爸爸妈妈要学会根据每一次的体检结果（如体重、身长），绘制自己宝宝的生长曲线图（绘制方法见本书第 204 页）。定期的生长发育和健康监测对宝宝的健康成长非常重要。通过宝宝的生长曲线图，可以了解他的生长轨迹、营养状况、疾病状况，及时发现问题，及时干预；长期监测可以帮助预测宝宝长大后的身高，保障体格健康，减少成年期发生代谢性疾病的风险。

定期健康检查

宝宝满月建卡后需要进行定期的健康检查。因为通过定期的健康检查，可以监测宝宝的体重、身长和头围的生长轨迹，以及运动、语言、社会行为和情绪的发展轨迹，医生也可以通过定期的体格检查和发育筛查早期发现宝宝生长发育的偏离或疾病，进行早期的干预或治疗。

一般 1 岁以内的宝宝至少健康检查 4 次，时间在满 3、6、8、12 月龄时，内容包括按照国家儿童保健管理要求的健康体检，还有听力筛查、视力筛查、神经心理发育监测；6~8 月龄进行贫血筛查或铁缺乏的筛查，避免因缺铁影响宝宝的神经认知发育。如有条件，建议尽早在乳牙萌出期进行口腔保健。

一旦在常规的儿童保健监测时发现问题，如体格生长缓慢（低体重、生长迟缓）、营养素缺乏（如铁缺乏、营养性佝偻病）、超重、肥胖及其他的发育问题或疾病可能，爸爸妈妈应遵从医嘱，接受相应的早产儿（高危儿）或营养性疾病管理，增加随访次数；或及早转诊至上级医疗机构，明确诊断，及早干预治疗，保障宝宝健康成长，获得最佳的潜能发展。

早产儿或有生长发育风险宝宝的随访

妈妈在怀孕及分娩期间或在新生儿期存在一些对生长发育不利的风险

因素的宝宝，我们称之为高危儿，主要是从新生儿重症监护室（NICU）出院的宝宝，包括：

① 早产儿（胎龄 <37 周，尤其是胎龄 <34 周的宝宝）、低出生体重儿（体重 <2500 克，尤其是体重 <1500 克的宝宝）、宫内生长迟缓的宝宝（如虽然胎龄 >37 周，但出生体重 <2500 克的宝宝）。

② 新生儿期有缺氧缺血性脑病伴抽搐、惊厥、颅内出血、化脓性脑膜炎等的宝宝。

③ 新生儿期用呼吸机辅助治疗，住院时间长（时间 >2 周）的宝宝。

④ 喂养困难，持续性低血糖，重度黄疸的宝宝；妈妈孕期有糖尿病、妊娠高血压、梅毒、TORCH（弓形虫、风疹病毒、巨细胞病毒）感染等的宝宝。

这些宝宝虽然面临很多影响健康和生长发育的风险因素，但只要定期监测并保证有良好的营养喂养、环境刺激和医疗保健，由于宝宝身体各器官组织和大脑的可塑性和代偿性很好，一般都能恢复并达到最佳的潜能发展。所以，随访非常重要。

不同类型的高危儿常需要不同重点的监测和管理，在出生后第 1~2 年内，这些宝宝需要比一般宝宝更多的健康体检随访次数，有的宝宝可能仍需要专业医生的治疗和管理。早产儿根据出生体重、胎龄及出生后并发症等情况确定随访次数，宝宝的矫正月龄 = 实际出生月龄 - 早产月龄。 如实际年龄是 3 月龄，胎龄是 36 周，按 40 周足月算，提早了 1 个月（4 周），那么他的矫正年龄 =3 个月 - 1 个月 =2 个月。

一般早产宝宝在矫正月龄 6 个月以内，每 1~2 个月随访 1 次；矫正月龄 6 个月至 1 周岁，每 2~3 个月随访 1 次；矫正年龄 1~2 周岁，每 3 个月至半年随访 1 次，具体应听从医生的指导和安排。一般 2 周岁后不再矫正，也就是说大部分早产宝宝在 2 年内会赶上正常足月宝宝，有一部分超早早产儿或超低出生体重儿要花 3 年甚至更长的时间赶上正常足月宝宝。

医生在对宝宝的定期随访管理中，要做哪些事呢？

❶ 体格检查和生长发育监测：为宝宝进行定期的体格检查以及体格生长、神经心理行为发育的监测和评估。还要根据高危因素，进行一些特殊的检查，如早产宝宝的视力筛查、听力检查、髋关节发育筛查、心脏或大脑的检查等。早产宝宝在妈妈宫内待的时间不足，营养储备少，出生后因追赶生长需要，比足月儿需要更多的能量、蛋白质、铁、钙、锌和维生素等，因此对于早产宝宝，还要根据情况监测这些营养素，再确定如何增补。

❷ 预见性指导和综合干预：首先，根据宝宝的生长发育水平，个体化指导营养和喂养，如什么情况下需要添加母乳强化剂或早产儿配方奶，如何补充维生素 D、钙、铁等营养素，什么时候添加辅食等。其次是护理和疾病预防指导，包括预防接种。最后是早期发展促进指导，包括怎么根据宝宝的发育水平和宝宝玩要交流，互动回应，让宝宝的潜能充分发挥出来。

❸ 建档管理：医生要根据记录在随访过程中发现的问题，提出针对性的干预和治疗措施，如根据铁营养状况修改补充剂量，根据宝宝发育水平提出干预方案，有时需要转专科治疗，如确诊有早产儿视网膜病的宝宝要转眼科治疗，确诊有发育迟缓的宝宝要接受特殊的康复训练和治疗等。

宝宝的口腔保健

宝宝的口腔保健对他的健康非常重要。如口腔保健不当，则乳牙易发生龋齿（俗称"蛀牙"），形成牙髓炎，引起牙痛，影响恒牙牙胚发育；严重龋齿可导致乳牙过早脱落、恒牙萌出错位、牙列紊乱，影响美观及咀嚼功能。爸爸妈妈可以从以下几个方面，保证宝宝的口腔健康：

❶ 宝宝的口腔保健在妈妈孕期就要开始。宝宝出生前，爸爸妈妈和其他照护者要确保自己的口腔健康，以防将自己口腔唾液中的致龋有害菌传播给宝宝；餐具、牙刷等都与宝宝的分开。

❷ 保证怀孕妈妈和宝宝都有充分合理的营养，主要包括合理均衡的蛋白质、钙、磷和维生素 C、维生素 D 摄入，有利于牙胚发育及牙齿形态发育，提高天然抵抗牙病的能力。

❸ 竖抱喂养宝宝，不要用其他物体支撑喂养宝宝；3 月龄起培养宝宝自动入睡习惯，上床后不要让宝宝吃奶或含奶瓶。

❹ 乳牙萌出前，建议用凉开水润湿的纱布或棉签清洁宝宝的口腔；乳牙萌出后，用柔软指套牙刷按摩、擦洗乳牙；1~3 岁的宝宝，可用少于米粒大小的含氟牙膏每天刷牙 2 次，不需要吐出牙膏或漱口，滞留在口腔内的少量牙膏可帮助预防龋齿。

❺ 有条件的话，提倡建立口腔健康档案，每半年进行一次全面口腔检查，有龋齿高风险的宝宝可每隔 3 个月进行一次口腔检查。

宝宝的眼保健

国家《儿童眼及视力保健技术规范》规定，宝宝应当在出生后 28~30 天进行首次眼病筛查。此后，在进行健康检查的同时，分别在 3、6、12 月龄再进行阶段性眼病筛查和视力检查。宝宝 1 岁后，每年至少进行一次眼病筛查和视力检查。

有眼病高危风险的宝宝，应当在新生儿期出院后尽早去眼科检查。以下为有眼病高危风险的宝宝：

① 在新生儿重症监护病房住院超过 7 天并有连续吸氧（高浓度）史的宝宝。

② 有遗传性眼病家族史的宝宝，怀疑有先天性白内障、先天性青光眼、视网膜母细胞瘤、先天性小眼球、眼球震颤的宝宝。

③ 妈妈孕期有巨细胞病毒、风疹病毒、疱疹病毒、梅毒或弓形虫感染的宝宝。

④ 有颅面形态畸形、大面积颜面血管瘤，或者哭闹时眼球外凸的宝宝。

⑤ 出生时难产、通过器械助产分娩的宝宝。

⑥ 眼睛持续流泪且有大量分泌物的宝宝。

出生体重低于 2000 克的早产儿或低出生体重儿，应当在出生后 4~6 周或矫正胎龄 32 周时，由眼科医师进行早产儿视网膜病变筛查。

眼保健包括：

① 定期眼部检查。

② 注意用眼卫生，不要让 2 岁以下的宝宝看视频。

③ 注意合理营养、均衡膳食，多进行户外活动。

④ 避免眼外伤和眼部感染。

当宝宝出现以下表现时应及时就诊：眼红、畏光、流泪、分泌物多、瞳孔区发白、眼位偏斜或歪头视物、眼球震颤、不能追视、视物距离过近或眯眼。

宝宝的听力保健

宝宝会在新生儿期接受听力筛查，此后，每次健康检查的同时，保健医生都会对宝宝进行耳及听力保健，其中 6、12、24 和 36 月龄是听力筛查的重点年龄。

听力保健包括定期听力筛查和日常保健两个方面。有以下影响听力的高风险因素的宝宝，更应注意听力保健：

① 出生体重低于 1500 克。

② 有新生儿窒息史。

③ 在新生儿重症监护室住院超过 5 天。

④ 妈妈在孕期有巨细胞病毒、风疹病毒、疱疹病毒、梅毒或弓形虫感染。

⑤ 黄疸程度重。

⑥ 发生过早产儿呼吸窘迫综合征，用呼吸机治疗超过 48 小时。

⑦ 宝宝有颅面形态畸形，包括耳郭和耳道畸形等。

⑧ 有儿童期永久性听力障碍的家族史。

⑨ 妈妈孕期用过耳毒性药物或有滥用药物和酗酒史。

听力筛查后发现有问题的宝宝（见表 8-1）应及时去医院进一步检查。

表 8-1　听力筛查可能发现的问题

年　龄	听觉行为反应
6 月龄	不会寻找声源
12 月龄	对近旁的呼唤无反应 不能发单字词音，如"baba""dada""mama"
24 月龄	不能按照成人的指令完成相关动作，如把鞋子拿过来 不能模仿成人说话（不看口型）或说话别人听不懂
36 月龄	吐字不清或不会说话 总要求别人重复讲话 经常用手势表示主观愿望

日常听力保健应注意以下几点：

❶ 正确哺乳及喂奶，防止呛奶。当宝宝溢乳时，应当及时、轻柔清理。

❷ 不要自行给宝宝清洁外耳道，避免损伤。

❸ 给宝宝洗澡时应防止呛水和耳朵进水。

❹ 远离强声或持续的噪声环境，避免给宝宝使用耳机。

❺ 如果有耳毒性药物致聋家族史，在带宝宝就医时应当主动告诉医生。

❻ 避免宝宝发生头部外伤，不要让异物进入宝宝外耳道。

❼ 宝宝患腮腺炎、脑膜炎等疾病时，应当注意监测听力变化。

❽ 当宝宝有以下异常时，应当及时就诊：宝宝有耳部及耳周皮肤异常；外耳道有分泌物或异常气味；宝宝哭闹时有拍打或抓耳部的动作；宝宝对声音反应迟钝；宝宝有语言发育迟缓的表现。

疫苗接种

宝宝需要接种的疫苗

计划免疫是根据儿童的免疫特点和传染病发生的情况而制定的免疫程序。目前，我国的疫苗分为两大类：免疫规划疫苗（原一类疫苗）和非免疫规划疫苗（原二类疫苗），这是根据行政管理区分的。

免疫规划疫苗

免疫规划疫苗指的是政府免费向儿童提供的，所有儿童应依照政府的规定受种的疫苗。目前纳入国家免疫规划的有 13 种疫苗，可预防 15 种传染病，如卡介苗、乙肝疫苗、百白破疫苗等。

非免疫规划疫苗

非免疫规划疫苗指的是除免疫规划疫苗以外，已经被证明其预防疾病效果良好，儿童可自愿自费接种的疫苗。非免疫规划疫苗虽然是基于自愿原则接种的，但它在疾病防控中的作用和一类疫苗同样重要，所覆盖的疾病，如肺炎链球菌感染、轮状病毒感染、水痘、流感嗜血杆菌感染、流感、手足口病等依然是婴幼儿感染的常见高发病。因此，在经济条件允许，宝宝又没有非免疫规划疫苗接种的禁忌证的情况下，鼓励爸爸妈妈为宝宝选择接种非免疫规划疫苗，更好地为宝宝的健康护航。

接种疫苗的程序

儿童期大部分疫苗都需要接种 2 剂或 2 剂以上，以确保抗体滴度能维持在有效水平并维持较长的保护时间。因此，通常情况下建议在推荐的年龄和间隔时间进行疫苗接种，这样可以最大程度发挥疫苗的效力。2020 年，国家出台了最新的免疫程序，对不同年龄段儿童的疫苗接种进行了新的规划，详见表 8-2。

如妈妈有乙肝，新生宝宝应同时接种乙肝高价免疫球蛋白。未接种卡介苗且体重已满 2500 克的早产儿，应尽快补种卡介苗。之后按月龄和免疫规划定期接种疫苗。

宝宝接种疫苗后的反应和处理

疫苗属于生物制品，对人体来说是一种外来刺激。因此，生物制品在接种后一般会引起不同程度的局部和（或）全身反应。疫苗接种后的反应可分为一般反应和异常反应两种。

一般反应

疫苗接种后的一般反应可分为局部反应和全身反应。

局部反应包括接种部位疼痛、肿胀、发红等，一般症状较轻，具有自

表 8-2　国家免疫规划疫苗儿童免疫程序表（2020 年版）

疫苗	疾病	英文缩写	接种起始年龄														
			出生时	1月	2月	3月	4月	5月	6月	8月	9月	18月	2岁	3岁	4岁	5岁	6岁
乙型病毒性肝炎	乙肝疫苗	HepB	1	2					3								
结核病 [1]	卡介苗	BCG	1														
脊髓灰质炎	脊灰灭活疫苗	IPV			1	2											
	脊灰减毒活疫苗	bOPV					3								4		
百日咳、白喉、破伤风	百白破疫苗	DTaP				1	2	3				4					
	白破疫苗	DT															5
麻疹、风疹、流行性腮腺炎 [2]	麻腮风疫苗	MMR								1		2					
流行性乙型脑炎 [3]	乙脑减毒活疫苗	JE-L								1			2				
	乙脑灭活疫苗	JE-I								1、2	3						4
流行性脑脊髓膜炎	A 群流脑多糖疫苗	MPSV-A							1		2						
	A 群 C 群流脑多糖疫苗	MPSV-AC												3			4
甲型病毒性肝炎 [4]	甲肝减毒活疫苗	HepA-L										1					
	甲肝灭活疫苗	HepA-I										1	2				

1. 主要指结核性脑膜炎、粟粒性肺结核等。
2. 两剂次麻腮风疫苗免疫程序从 2020 年 6 月开始在全国范围实施。
3. 选择乙脑减毒活疫苗接种时，采用两剂次接种程序。选择乙脑灭活疫苗接种时，采用四剂次接种程序；乙脑灭活疫苗第 1、2 剂间隔 7~10 天。
4. 选择甲肝减毒活疫苗接种时，采用一剂次接种程序。选择甲肝灭活疫苗接种时，采用两剂次接种程序。

限性，不需要特殊处理。有时注射局部可触摸到轻微的硬结，有时硬结需1~2 个月才消退。接种卡介苗后注射部位可出现局部红肿、浅表溃疡，最后结痂脱落，留下永久性瘢痕。此为接种后的常见反应，无须特殊处理。

全身反应是非特异性的，包括发热、精神不振、肌肉痛、头痛、食欲不振等，大多症状轻微，经过适当休息，1~2 日后即可恢复正常。脊髓灰质炎疫苗接种后有少数宝宝会发生腹泻，但多数可以不治自愈。若接种后出现发热至中高度（体温大于 38℃）、精神状态较差、皮疹严重等情况，应立即带宝宝到医院就诊，避免因伴随其他疾病而耽误治疗。

异常反应

疫苗接种后的异常反应一般少见，多发生于空腹、精神紧张的宝宝。异常反应常急性发作，表现为晕厥、过敏性休克等。所以，接种后应保证足够的观察时间，一般接种后应观察至少半小时。一旦发生，应让宝宝平卧，并立即呼叫医生进行急救。

不宜接种和暂缓接种的情况

在某些疾病或特殊状态下，接种疫苗会增加发生严重不良反应的风险，或者接种疫苗后不能产生良好的免疫应答，这些状态或特殊情况称为疫苗接种的禁忌证或慎用证。禁忌证或慎用证是由宝宝身体状况决定的，而不是由疫苗本身决定的。事实上，大多数禁忌证和慎用证都是暂时的，当疾病痊愈或特殊状态消失后可以补种疫苗。那么，在哪些情况下宝宝不适合接种疫苗呢？主要有如下几种：

1. 发生中、重度的急性病，如肺炎、手足口病、哮喘急性发作等。

2. 近期使用过含抗体的血制品，如输用血浆、免疫球蛋白时，应暂缓麻腮风、水痘疫苗的接种。

3. 免疫抑制，如有免疫缺陷、恶性肿瘤或长期大剂量使用糖皮质激素、放化疗药物的儿童，应暂缓减毒活疫苗接种。

4. 患有进行性神经系统疾病，如未控制的癫痫、脑炎后遗症等，应暂缓含有百日咳抗原的疫苗及流行性乙型脑炎（乙脑）、流行性脑脊髓膜炎（流脑）疫苗的接种。

5. 对前一剂次疫苗或某种疫苗的成分有严重不良反应的儿童，不宜再次接种该类疫苗。

6. 患有先天性心脏病，合并有心功能不全或者复杂性青紫型先天性心脏病，需多次手术治疗的宝宝，应暂缓接种。

7. 出生体重低于 2500 克的早产儿，应暂缓卡介苗接种。

8. 延迟接种并不影响免疫原性和安全性，但未接种疫苗的宝宝缺乏对该种疾病的免疫力，应注意防护，避免接触可疑传染源，一旦疾病痊愈或接种条件恢复，应及时补种。

疾病筛查

 新生儿疾病筛查

新生儿筛查是用一种快速、简便、敏感的检验方法，在儿童出现疾病症状之前，筛检一些危及生命、危害儿童生长发育、导致智能障碍的先天性疾病、遗传性疾病，从而达到早期诊断、早期有效治疗的目的，避免疾病导致儿童发育障碍甚至残疾。目前，在我国开展的新生儿筛查项目包括新生儿遗传代谢性疾病筛查和新生儿听力筛查。

遗传代谢性疾病筛查一般在出生 72 小时后且喂足 6 次奶后进行。在宝宝的足后跟采三滴血，滴在一张特殊滤纸片上，然后送检，做一些遗传代谢性疾病筛查。最常筛查的疾病是先天性甲状腺功能低下症（CH）和苯丙酮尿症（PKU）。在浙江省出生的宝宝可以筛查 27 种遗传代谢性疾病。

宝宝在采血后 2 周左右可以得到筛查结果。一旦筛查发现可疑或异常，医院会立即通知父母带宝宝去指定的医院进行复查、确诊。确诊为先天性甲状腺功能低下症的宝宝可以用甲状腺素替代治疗，确诊为苯丙酮尿症的宝宝则可以通过特殊饮食或药物治疗。只要能遵循医嘱，接受早期、正规治疗，定期复查，根据监测情况调整用药，治疗效果往往较好，宝宝的生长发育一般不会受到影响。

眼病筛查

眼病筛查可以早期发现干扰宝宝视觉功能正常发育的因素，发现常见致盲眼病，如早产儿视网膜病、视网膜出血、先天性白内障、新生儿眼炎、视网膜肿瘤、先天性发育异常等，如予以早期干预，从源头控制，可以避免视力损伤导致的残疾。

中国《早产儿视网膜病变筛查指南》规定，出生体重小于 2000 克的宝宝或出生孕周少于 32 周的早产宝宝，在出生后 4~6 周或矫正胎龄 31~32 周开始首次筛查眼病，检查时适当散大瞳孔。医生根据宝宝的眼底情况，确定筛查间隔时间，每周检查 1 次，至每 2~3 周检查 1 次。一旦确定病变，应尽可能在 72 小时内治疗。

其他宝宝主要进行眼睛发育状态的检查，一般在出生后 28~30 天内进行首次眼病筛查，可包括外眼检查、对光刺激反应检查、瞳孔对光反射检查、瞳孔红光反射检查、屈光间质检查、眼底检查等。

听力筛查

正常的听力是宝宝进行语言学习的前提，听力损失的程度、发现时间、宝宝的语言认知发育水平与干预效果密切相关。我们国家规定新生儿出生后都要进行听力筛查。有听力损失高风险因素的宝宝（参见听力保健）更要注意听力筛查，即便通过听力筛查的宝宝，仍应在 3 年内每 6 个月至少随访检查 1 次。

听力筛查一般在宝宝出生后 72~96 小时进行，要采用耳声发射法（OAE）和（或）自动（快速）脑干诱发电位法（AABR）对宝宝进行听力筛查，对有先天性听力损失高风险的宝宝同时采用 OAE 和 AABR 筛查，以早期发现听力神经源谱系疾病。

初次筛查未通过的宝宝应在出生后 30 天或 42 天左右进行复查，复查后仍未通过者，需转诊至听力检测机构进行耳鼻咽喉检查、诊断性听性脑干诱发电位、声导抗等听力学评估和医学检查，一般在 3 月龄内完成听力学诊断和相关医学评估，6 月龄内开始接受正确的干预。

髋关节筛查

发育性髋关节发育不良是儿童常见疾病，包括髋臼发育不良，髋关节半脱位及髋关节脱位。早期筛查可以早期干预，避免错过干预关键期，以免导致不可逆的功能影响。

一般 3 月龄以下宝宝在健康体检时要进行简单而又基本的筛查，包括观察两下肢长度和髋部的对称性、臀纹的对称性，进行屈髋外展的检查，通过以上检查可初步筛查出可疑髋关节脱位的宝宝，进一步超声检查可确定是否存在发育性髋关节发育不良。

髋关节发育是一个动态的过程。每次健康体检时都应注意了解宝宝的下肢和运动能力发育状况，如 4 月龄以上宝宝仍有髋关节外展受限、双下肢不等长及臀纹不对称等症状，学坐、站等运动发育迟缓，应进一步进行 X 线摄片检查。

家庭对宝宝的健康监测

全日健康观察

在带养宝宝的过程中，对宝宝要进行全日健康观察，敏感发现宝宝的异常情况，才能及时识别疾病，并尽快寻求适当的护理、治疗措施。宝宝不会用语言告知你他的感觉，但他的活动、精神、饮食和睡眠状况反映一切。如：宝宝可能表现为烦躁不安、难以安抚、精神不佳、嗜睡，或少动、少吃、萎靡不振。因此，在日常生活中需要通过仔细观察，记录宝宝的生理节律，如进食规律、大小便次数及活动、睡眠状况等，逐步了解并掌握宝宝的生活规律和个性特点。可从以下几个方面进行健康观察：

❶ 观察宝宝是否有疾病的症状和表现，有无咳嗽、发热、呕吐、腹泻等症状。如宝宝频繁呕吐，大便次数增加甚至性状改变（水样或蛋花汤样稀便），则提示可能有呼吸道或消化道疾病，甚至可能是其他方面的疾病，如中耳炎、泌尿道感染等。

❷ 观察宝宝的脸色和精神状态，脸色是欠佳还是潮红，如脸色潮红，可能有发热，可摸一下腹部、背部或额头初步判断，有条件时可测量体温。如果脸色不好，精神疲软，也提示疾病可能，最好及时看医生。

❸ 观察宝宝的行为表现，了解可能的不舒适部位。如果宝宝哭闹时抓挠耳朵或头部，应观察外耳道有无流脓流液，伴或不伴发热，警惕中耳

炎；如果宝宝哭闹无法安抚，同时卷曲身体，则提示腹痛或疾病导致急性腹部症状，应及时看医生。

❹ 观察宝宝的活动表现，如宝宝的活动水平发生改变，不爱活动，或仅愿意活动一侧肢体，活动时动作不对称；或姿势异常，如看东西时经常歪着头，应及时看医生。

❺ 如宝宝有咳嗽，应学会观察并监测宝宝的咳嗽声和呼吸。宝宝咳嗽声如"犬吠样"，即咳嗽起来有像狗叫的"孔孔"声，同时伴声音嘶哑，应警惕喉炎，及时看医生。在宝宝安静时观察宝宝的胸腹部，腹部一起一伏为一次呼吸。以下情况考虑为气急：小于 2 月龄的宝宝，安静时呼吸频率 ≥ 60 次 / 分；2~12 月龄的宝宝，安静时呼吸频率 ≥ 50 次 / 分；1~5 岁的儿童，安静时呼吸频率 ≥ 40 次 / 分，应及时看医生。

体格生长监测

　　爸爸妈妈应学会通过定期的体格生长监测，描绘宝宝的生长曲线图，了解宝宝的体格生长状况，掌握宝宝的营养状况、身长（2 岁以下宝宝躺着量，称为身长）或身高（2 岁以上宝宝站着测，称为身高）的增长状况，并判断是否有疾病（如慢性疾病或内分泌疾病）可能。

　　生长曲线图分男孩生长曲线图和女孩生长曲线图。横轴表示月龄，纵轴表示体重和身长。从横轴上找到宝宝的月龄，再在纵轴上找到宝宝在这个月龄所对应的体重或身长，画上点。把每次体检所获得的体重、身长所画的点连起来，就形成了宝宝的生长曲线。

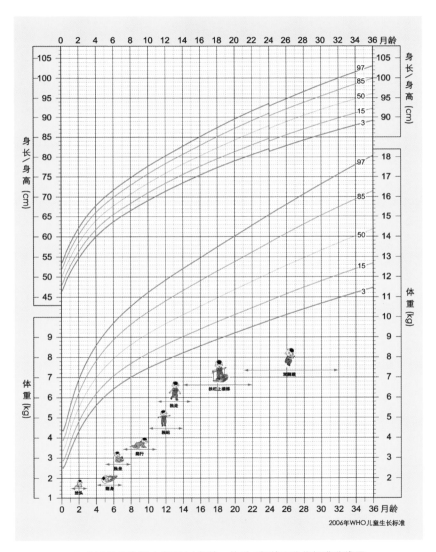

0~3 岁男童身长（身高）/ 年龄、体重 / 年龄百分位标准曲线图

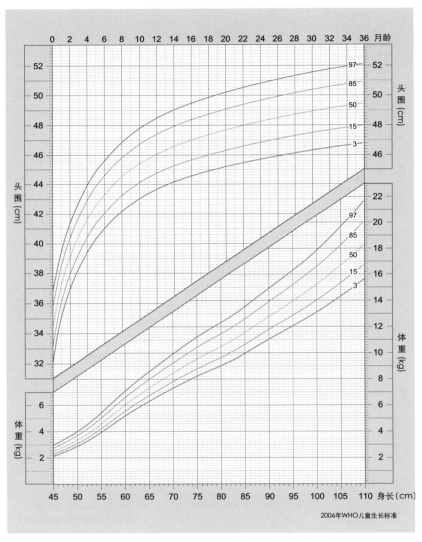

0~3岁男童头围/年龄、体重/身长百分位标准曲线图

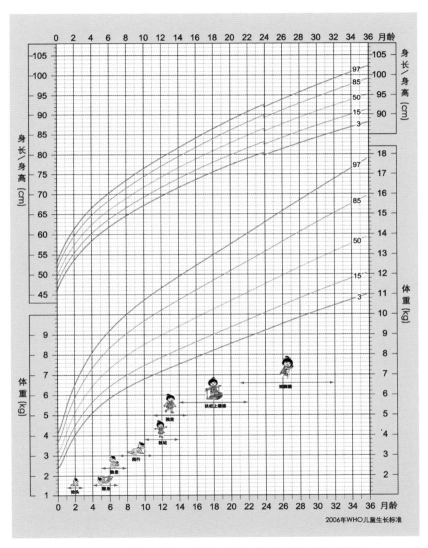

0~3 岁女童身长（身高）/ 年龄、体重 / 年龄百分位标准曲线图

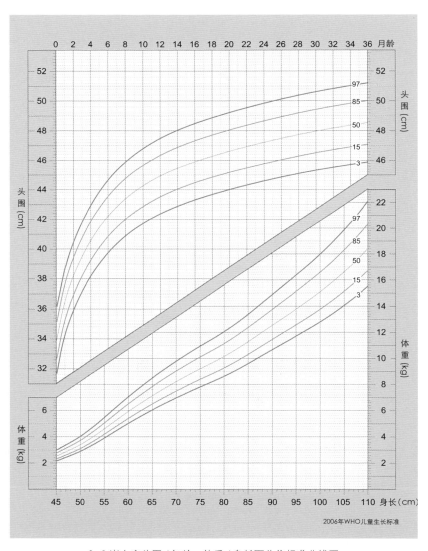

2006年WHO儿童生长标准

0~3岁女童头围／年龄、体重／身长百分位标准曲线图

可以从以下 3 个方面判断宝宝的体格生长情况：

❶ 生长水平：指宝宝在同年龄同性别宝宝中所处的位置，是他目前的生长水平。如在 50 这条线（第 50 百分位）上，表明他的体重或身长处于同年龄宝宝的平均水平，如在 25 这条线上（第 25 百分位），说明他在同年龄宝宝的平均偏下水平。如超过 90 这条线（第 90 百分位）的水平，提示宝宝长得超重了。一般，如宝宝的体重或身长低于同年龄同性别宝宝的第 3~10 百分位水平，或高于第 90~97 百分位水平，都要咨询下医生，及早干预。宝宝的体重低于第 3 百分位，说明体重在异常范围，要看医生查找原因了。

❷ 生长速度：即观察宝宝动态的生长过程。将宝宝不同时间点的测量值在生长曲线图上描记并连接成曲线，与不同百分位的参考曲线比较，判断宝宝在这段时间的生长速度是正常、增长慢还是过快。如为正常增长，则宝宝的生长曲线速度与参照曲线一致或平行上升，说明宝宝沿着自己的生长轨迹正常增长。如为生长不良，则宝宝生长曲线上升速度慢于参照曲线的速度，甚至从一条曲线水平掉到下一曲线水平（如原来在第 50 百分位，但目前处于第 10 百分位）。如为增长过速，则宝宝的生长速度过快，超过参照曲线速度，如原来处于第 50 百分位，目前处于第 97 百分位水平。

❸ 匀称度：通过身长和体重来判断。如：有的宝宝身长处于平均水平（第 50 百分位），但体重低于平均水平（第 25 百分位），那么宝宝显得消瘦，可能是营养不够。有的宝宝身长低于平均值（如第 25 百分位），但体重高于平均值（如第 75 百分位），那么这个宝宝可能营养过剩了。

以下情况提示体格生长异常可能，要尽早就医，查找原因，及时干预：

❶ 宝宝体格生长水平过低或过高，如宝宝的体重或身长低于同年龄同性别体重的第 10 百分位或高于第 90 百分位。

❷ 宝宝的生长速度异常：生长速度慢甚至不长，跨越了两条主百分位线，如从 10 个月时处于第 50 百分位，到 12 个月时处于第 10 百分位，或生长速度过快（早产或低体重宝宝的追赶生长除外）。

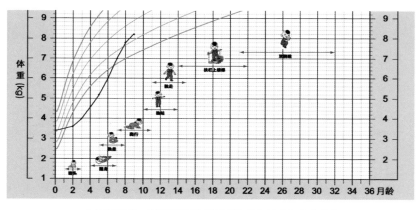

生长速度慢，喂养和营养干预后追赶生长（3~7 个月）

神经认知和行为发育监测

虽然每一个宝宝都以自己独特的方式和速度发育，但如果不能达到一些发育上的里程碑或一些新生儿期的原始反射持续存在，则提示宝宝可能存在需要特别处理的医学和发育问题。如果宝宝表现出表 8-3~ 表 8-6 中的一些警告性迹象，应引起重视，及时去看医生，及早鉴别和干预。

表 8-3 0~3 月龄的发育预警

警告性迹象	提示
2~3 月龄时，与之互动时还不会微笑	可能发育落后，应多与宝宝聊天说话
2~3 月龄时，仍然不能用眼睛跟踪移动的物体或人脸	可能发育落后，可在距离宝宝眼睛 20 厘米处，用红球引导宝宝看，或让宝宝看妈妈的脸
3 月龄时双手持续握拳不能打开	可能异常或发育落后，应多按摩宝宝的手
3 月龄时仍不能很好地竖头	可能发育落后，应多让宝宝俯卧抬头
似乎对很大的声音没有反应	可能听力异常，应及时检查，多与宝宝聊天说话
3~4 月龄时不能伸手够取玩具	可能发育落后，应引导宝宝够取玩具

表 8-4 3~6 月龄的发育预警

警告性迹象	提示
3 月龄时双手持续握拳不能自主挥打	可能神经系统受损，应经常抚触宝宝的手，与宝宝一起做操
4 月龄时仍不能很好地竖头	可能发育落后，应多在地板上玩，让宝宝俯趴，逗引他抬头；在宝宝仰卧时，慢慢拉坐
4 月龄时交谈时还不能盯着人看	可能发育落后，应多与宝宝对视说话
4~5 月龄时不能抓取玩具	可能发育落后或神经系统受损，应多和宝宝玩耍，引导宝宝去够取和抓捏玩具
5 月龄时还不能翻身	让宝宝多在地板上玩，引导宝宝翻身

续表

警告性迹象	提示
5 月龄时仍然不能出声大笑	可能发育落后，应多逗宝宝笑
5 月龄时还不能在扶持下站立	可能发育落后或髋关节发育不良，应及时检查
6 月龄时还不能在支撑下坐	可能发育落后，应多让宝宝靠坐
6 月龄时头还不能转向声源	可能听力受损或发育落后，应及时就医，多和宝宝说话，叫宝宝名字，配上语言和表情

表 8-5 6~9 月龄的发育预警

警告性迹象	提示
6 月龄时还不会玩手，两手不会传递玩具	可能发育落后，应多让宝宝玩，敲敲打打，传递物品
8 月龄时还不会独坐	可能运动发育落后，应及时看医生，多让宝宝在地板上玩，靠坐
8 月龄时对名字叫唤还没有反应	可能听力或语言社交发育落后，应多叫宝宝名字，多和他说话，进行互动游戏
9 月龄时不会区分陌生人和熟人，不会玩"躲猫猫"游戏	可能发育落后，应多和宝宝互动，玩"躲猫猫"游戏
9 月龄时两手还不会抓取小东西	可能发育落后，应多陪宝宝玩，敲敲打打，抓取细小东西
9 月龄时还不会翻滚，不会移动身体	可能运动发育落后，应多在地板上玩，让宝宝自由翻滚，移动身体，匍匐爬行

表 8-6　9~12 月龄的发育预警

警告性迹象	提示
10 月龄时扶站时仍一直踮脚尖	可能神经运动发育落后，在家中当宝宝站在沙发前玩时，可坐在宝宝身后地板上，帮助宝宝把脚放平并维持正常位置
10 月龄时呼唤其名字仍无反应	可能听力受损或发育落后，应及时检查，多和宝宝说话交流，说话时配上手势、眼神
11 月龄时不会拉物站立	可能发育落后，应让宝宝多在地板上玩，给宝宝示范跪着拉坚固的家具站立起来，并能扶物站立
12 月龄时不会用手势表示"再见""欢迎"	可能发育落后，应多配合场景和宝宝说话，说话时配上手势或动作
12 月龄时还不会用身体动作，如前倾、用手指拉人表示自己的需要或意思	可能发育落后，应多与宝宝互动交流，用手指引导宝宝看有趣的人或物，同时说人或物的名称
12 月龄时还不会观察他人的反应来调整自己的行为，比如：重复做一些引起你笑的行为	可能发育落后，应多和宝宝互动玩耍，配上声音、表情，玩"躲猫猫"游戏
12 月龄时不会用拇食指对捏小物品	可能动作发育落后，应多陪宝宝玩，捏取物品，如小饼干、小糖丸
12 月龄时还不会独站片刻	可能发育落后，应多让宝宝在地板上活动，鼓励宝宝独自扶着沙发或坚固家具站立、扶走

如宝宝出现上述一些警告性迹象，应及时去儿童保健科、发育行为科或神经科就诊，医生会进行全面检查和发育评估，了解宝宝的发育水平，找出可能导致宝宝发育缓慢的原因，并鉴别是否有发育障碍性疾病。爸爸

妈妈应根据医嘱和医生的指导，进行早期干预或治疗，并定期监测。在家中可根据以上提示和医生的指导，多和宝宝交流、玩耍，促进宝宝的发育。

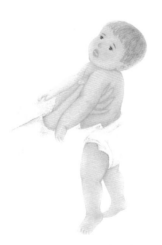

6个月异常坐姿　　　　　9个月异常站姿，持续足踮立

第九章

让宝宝的心理健康发展

依恋与怯生

依恋是亲子关系的核心所在

依恋是宝宝与其主要照护人之间的一种情感联结的形成。爸爸妈妈通过敏感了解宝宝的需求，及时回应，让宝宝获得满足感和感情应答，与爸爸妈妈或其他照护人产生情感联结，并把爸爸妈妈或其他照护人作为自己安全的港湾和行为参照。在宝宝出生后第一年内建立的这种依恋关系，是亲子关系的核心所在。

帮宝宝克服怯生和分离焦虑

怯生和分离焦虑也是宝宝认知和情绪发展过程中的正常情绪表现，是依恋关系建立、记忆力、自主性发展的征象。自6~8月龄起，宝宝开始熟悉自己的爸爸妈妈或照护人，并逐渐建立依恋关系，对爸爸妈妈或照护人有安全信赖。同时，宝宝对不熟悉的人或环境产生怯生情绪，说明宝宝的识别、记忆能力已形成。此时，宝宝还没有发展出爸爸妈妈离开了其实还存在着的概念和对时间的概念，一旦爸爸妈妈或照护人离开，宝宝就会缺乏安全感，以为短暂的分离是永远的分离，便产生焦虑。这种情绪和行为发展过程，只要适当反应和引导，宝宝便能顺利渡过。

东南西北瞧一瞧

蓝天高高白云飘,

太阳公公微微笑。

怀抱好奇小宝宝,

东南西北瞧一瞧。

树上小鸟喳喳叫,

河里小鱼尾巴摇。

听听虫儿唱歌谣,

看看花儿起舞蹈。

（莫剑敏　创作）

回应性养育让宝宝心理健康发展

安全依恋关系的建立和维持，需要爸爸妈妈或照护人从一开始就能敏感识别宝宝不同需求发出的各种信号及其行为背后的含义，准确判断宝宝的需求和情绪体验，并及时做出与宝宝需求相匹配的互动回应，这种敏感回应的照护方式被称为回应性养育。在这种养育环境中，宝宝就会觉得舒适、满足和自信，与爸爸妈妈或照护人形成亲密的情感联结，并产生信赖和信任感。

为了保持敏感，爸爸妈妈和照护人要为宝宝提供优质的亲子共处时间，观察宝宝并了解他的气质，包括他的生活节律性和活动度，对事物的敏感性和反应强度，对新事物或环境的反应和适应性，他的注意力持续程度和分散度，并根据他的气质维度，及时做出适当的反应。

敏感观察识别宝宝的生理和心理需求信号，也有利于早期识别宝宝的疾病征兆，及时妥善处理。

爸爸妈妈和照护人要将宝宝看成独立的个体，从他的视角看事情，理解他的行为，根据其行为表现及时做出相应的反馈。如：宝宝扯拉你的头发，可能是想引起你的关注，和你交流或玩耍，你可以马上终止宝宝扯拉头发的行为，把他的注意力吸引到允许的活动上。如用你的头巾和他"躲猫猫"，不仅可以让宝宝和你建立亲密的关系，还可使不期望的行为（扯拉头发）退化。

这种回应性的养育方式应贯穿于日常生活的所有活动中，包括日常的基本照护、喂养、交流和游戏活动中。这样的回应和关爱，能让宝宝对爸爸妈妈和照护人产生信赖，学会信任。

宝宝的气质特点

正确认识宝宝的气质

　　气质是天生的，与基因遗传特性和宫内环境密切相关，气质相对稳定，但受家庭养育和社会环境影响，在与周围人或事物的交互作用下，会有一定的改变，即宝宝成长后的个性、性格和人格魅力都是在先天气质与环境的交互作用下形成的。与宝宝的气质相拟合的良好的养育环境，有利于宝宝潜能的最佳发展，使宝宝成长为既富有爱心和良好修养，又能自尊、自信，且积极探索、不断上进的人。

　　根据美国心理学家和精神病专家托马斯等的研究结果，婴儿可从活动水平、生理节律、注意分散度、趋避性、适应性、注意广度和持久性、反应强度、反应阈限和心境 9 个维度显示出其行为特质。根据这 9 个维度表现出的不同行为，可归纳出 3 种气质类型特点：容易型、困难型和缓慢启动型。

容易型宝宝

　　容易型宝宝的吃、喝、拉、撒、睡等生理节律比较规律，也较容易适应新环境、新事物及不熟悉的人，愉快情绪较多。

困难型宝宝

困难型宝宝生理节律的规律性较差，较难掌握睡眠、喂食、排泄等方面的变化，负性情绪较多，情绪反应强烈，对新刺激反应大，较难适应新环境。

迟缓型宝宝

迟缓型宝宝的活动性、适应性、情绪性上的反应都比较慢，情绪也经常不甚愉快，对新刺激及生活变化会慢慢感兴趣，并慢慢活跃起来。

气质维度特点没有好坏，每一种气质特点都有其长处和短处。爸爸妈妈要细心体会宝宝的气质特点，从宝宝 9 个维度中的行为表现了解宝宝，并使自己的养育方式与宝宝的气质拟合，这样养育宝宝的过程才会越来越轻松而满足。

养育方式与宝宝的气质相拟合

怎样使养育方式与宝宝的气质特点相拟合呢？每个宝宝都是独一无二的，爸爸妈妈首先应保持正面的积极心态，理解和接纳自己宝宝的先天特性，调整和制定自己的养育方法，使之适合宝宝的气质特点，并持之以恒地引导宝宝的先天气质向积极的方向发展。

根据活动度引导

活动量比较大、好动的宝宝，应尽可能安排一些互动游戏，宣泄其充沛的精力，在活动中培养其注意力，再适当安排一些安静的活动。对于安静的宝宝，可适当增加活动量，鼓励宝宝做一些自己能做的事，尽量不要替代他做事。

根据节律性引导

如果宝宝生活节律性强，如每天入睡、进食的时间都很有规律，容易抚养，但易刻板，发生适应困难，可偶尔打破规律；生活节律性差的宝宝，应尽早培养节律性。

根据适应性引导

适应性强、趋避性弱的宝宝容易接受新事物，如：很容易接受以前没吃过的食物或接受陌生人，在成长过程中，应教导其明辨是非，避免受不良事物影响。适应性弱、趋避性强、易退缩的宝宝会比较怕生，较难接受新事物，受不良因素影响的机会较少。对其应耐心，多创造接触机会，鼓励并等待其接受，但避免强迫接受；事先准备，使宝宝逐步适应。

根据反应阈限引导

如果宝宝反应阈限高、反应强度低，那就应注意观察宝宝的细微表现和变化，及时关注并给予适当的反应与关爱，避免忽视宝宝。反应阈限低，反应强度很大的宝宝，遇到一点儿小的变化或刺激便会有很大反应或大哭，应耐心抚慰，并寻找使宝宝感觉舒适的方式和刺激。

根据注意力持久度引导

注意力不易分散、持久度长的宝宝可以比较专注地玩耍和学习，但一旦未能满足其需求时，容易发脾气并难以转移注意力。可用一些有趣的活动转移他的注意力，忽视其不良行为。对于注意力易分散、持久度不长的宝宝，应尽早培养专注力，如玩耍时，当宝宝对某一样玩具感兴趣，便把其他玩具撤走，和宝宝谈论这个玩具，探索这个玩具的功能，培养他的专注力。进餐时，除提供餐具外，避免提供其他分散注意力的物品，如玩具、图书、手机等。

宝宝的个性、性格发展在父母的养育方式与宝宝气质的交互作用中逐渐形成，而亲密依恋关系的建立是基础。因为在具有信赖感的安全依恋关系中，只要提供与宝宝气质相拟合的养育，则无论哪种气质的宝宝，都能很好地适应，并逐渐成长为具有个性，但又有良好品格和修养的人，但如果养育方式与气质调适不良，宝宝成长过程中容易出现不良行为问题，如退缩、社交不良、攻击行为、违纪等。

行为约束

什么时候开始行为约束

　　大约从 9 月龄开始，宝宝已学会从你的表情、行为、语气的反馈中理解什么是高兴、赞许，什么是害怕、恐惧。他会看向你以确定你是否在看着他或他正在做的事，观察你的反应，包括你的表情、手势或语言的反馈。宝宝从你的这些反馈中获得信息，以确认他或他正在做的事获得的是你的赞许还是否定，你的表现是恐惧还是生气，并把你的反馈作为他情绪情感或行为的参照。

　　同时，这个年龄段的宝宝处于快速的学习成长阶段，他非常喜欢探索周围的世界，对危险没有任何意识，也不知道哪些行为是恰当的，哪些行为是危险的或不被允许的。对宝宝来说，学习不做他非常想做的事，是他学习自我控制的第一步。而这一课学得越早，将来你要干预的行为问题就越少。

怎么做行为约束

　　强化好的行为、忽视你不期望的行为是培养宝宝良好行为的重要策略。当宝宝听从你的指令终止不当行为时，要告诉他"做得很好，妈妈很高兴"或拥抱他。记住，对宝宝行为约束的核心仍然是爱心，爸爸妈妈要理解并弄清宝宝行为背后的原因，以身作则，学会自我情绪调控，保持温和、平静而坚定，这是教会宝宝良好行为和情绪技能的最好方式。同时，爸爸妈妈应注意以下几点：

用分散注意力来终止不当行为

分散注意力通常是终止宝宝不当行为的最有效方法。这个年龄段宝宝的记忆持续时间非常短暂，你不用费太多的力气就能转移他的注意力。如果他想够取你不允许的东西（如易碎的东西），你可以不用说"不"，只要直接抱他到可以玩或可以引起他的兴趣或好奇心的地方，就能转移他的注意力。

坚定地实施规则

当宝宝触碰真正危险的事物时，你一定要坚定地实施你的规则，如宝宝玩电源插座，你就要毫不犹豫、坚定地说"不"，并把他带离危险的场景。不要期望他一次两次就能学会，他的记忆很短暂，你可能需要一次一次的重复，宝宝才能学会不去触碰危险的东西或根据你的指令确定是否能玩。保证你的指令有效的关键在于保持原则的一致性，同时，尽可能少说"不"，只在必须的时候，即宝宝接触到危险的禁区的时候说。

立即反应

立即反应是实施规则的另一要点。一旦宝宝有不当或危险的行为，要立即反应，不要在事情过后数分钟反应，否则宝宝不会明白什么事让你生气；如果宝宝被你的反应吓到了，哭了，不要马上去抚慰他，过1~2分钟后再抚慰或分散注意力，否则他不会知道他做错了什么。

第十章

陪伴宝宝交流玩耍

挑选适合宝宝的玩具

🐤 根据月龄选择玩具

0~3 月龄宝宝的玩具

0~3 月龄宝宝的视觉、听觉都在发育中，对纯色敏感，喜欢看红色或黑白色。此时多让宝宝看鲜艳的颜色，有利于宝宝视锥细胞的分化与发育。可以提供各种质地的、颜色纯净而鲜艳的、能发出清脆悦耳的声音的玩具，如拨浪鼓、毛绒红球、黑白卡、有音响或发光的且刚好能被宝宝的小手抓握的玩具（如摇铃）。

0~3 月龄宝宝喜欢颜色纯净而鲜艳的且能发出悦耳声音的玩具

3~6 月龄宝宝的玩具

3~6 月龄宝宝开始学习抓握，拍打。可以选择圆环、红球、拨浪鼓、有音响及会发光的玩具、会动的玩具。也可以选择家庭常用物品作为玩具，如彩色的塑料杯子、塑料碗、塑料瓶、毛绒球，让宝宝去够取、抓握，观察物体的滚动。

3~6 月龄宝宝需要利于抓握、拍打的玩具

6~9 月龄宝宝的玩具

6~9 月龄宝宝手的能力进一步发展，会敲敲打打，也会坐在地板上或爬行玩耍。适合此阶段宝宝的玩具有积木，罐子或盒子，套叠杯、碗、勺，图卡，布娃娃，动物玩偶，各种球类等。

6~9 月龄宝宝需要进一步促进手部能力发展的玩具

9~12 月龄宝宝的玩具

适合 9~12 月龄宝宝身体活动的玩具有：能扶着推拉的玩具、球、会被推动的玩具；促进宝宝认知、想象力和认知能力发展的玩具，如玩具手机、电话或音乐盒；有五官的布娃娃、小汽车、小动物，能打开盖子的罐子或盒子，厨房或进餐用具等；有利于宝宝手眼协调和手的精细动作发育的玩具，如积木、图书、图卡、彩笔等。

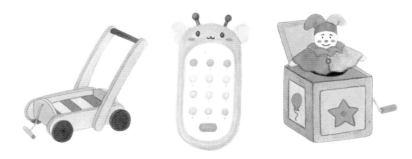

9~12 月龄宝宝需要促进身体活动、利于手眼协调发育的玩具

🦆 宝宝玩具的选择要点

❶ 给婴儿的玩具，首先应是安全的，在宝宝玩耍、敲打、探索过程中不会发生意外伤害。因此，玩具或任何宝宝能玩的家常物品应该是无毒、无污染、不尖锐的物品，也不会轻易导致意外误吞（如不牢固的动物玩具的眼睛）。

❷ 宝宝的玩具应该是结构简单又经得起把玩和探索的东西，结构复杂而

又昂贵的玩具并不适合婴儿。

❸ 玩具应触感舒服，不怕口水浸泡，容易清洗或消毒。

❹ 太小而容易被宝宝误吞或误吸的东西不适合提供给宝宝独自玩耍。如捡小豆豆时，必须陪伴宝宝一起玩耍。

❺ 可以为宝宝的视觉、触觉、手和认知能力的发展提供学习机会。如不同大小、颜色的塑料杯子，图卡，方木，盒子。它不会动，除非宝宝让它动；它不会发光，除非宝宝使它发光；它不会发出声响，除非宝宝使它发出声响。也就是说，玩具为宝宝的探索和学习提供机会。记住：被动的玩具，主动的孩子。

给宝宝一个安全的玩耍空间

随着宝宝的成长，宝宝一点一点学会坐、爬行、拉着站立和独走，爸爸妈妈要给宝宝提供一个安全的活动和玩耍空间。

安全的空间给宝宝提供了独处的机会，可以让宝宝自己玩，由他自己来选择玩具，决定怎么玩以及玩多久。让宝宝去探索玩具，去抓握、去看、去摇、去啃，去了解不同物品的质地和功能，去自由地运动他的身体，训练知觉技能，这对宝宝独立性的发展十分有利。

那如何打造一个安全的玩耍空间呢？爸爸妈妈可以参照以下几点：

❶ 可以采取必要的措施，重新设计家里的陈设，创建一个专门给宝宝活动的房间或开辟一个相对开阔的场地供宝宝玩耍和爬行，家具应牢固，宝宝拉站时不会倒塌，家具角应有软包。

❷ 在楼梯口、厨房口或较容易发生危险的地方装上围栏，去除所有易导致儿童碰、磕绊或尖锐的物件。

❸ 收藏好所有易导致宝宝误食或发生意外的东西，如药物、电池、纽扣、硬币、塑料袋、电源或热源食品物品等，保护好所有电源插座，避免室内吸烟和有毒有害杀虫剂暴露。

❹ 去除桌布，专门为宝宝的活动场地围上围栏，形成安全的空间。

❺ 地面最好是木地板，以利于宝宝肌肉力量的发展。也可以铺上软垫。

❻ 提供适合婴幼儿年龄的玩具。

这样就给宝宝创建了一个可以自由玩耍的安全活动空间。爸爸妈妈或其他照护人可以和宝宝一起玩耍，或让宝宝在视线所及之处玩耍，而你可以做一些必要的家务，如给宝宝做辅食，让照护宝宝这件事情可以变得轻松一些。

　　带宝宝进行户外活动前，注意检查安全风险，如活动设备、设施及活动环境的安全性，避免在具有意外伤害（如受伤、溺水）潜在风险的场所，如车道上、车库里、车旁、水池边活动，保证宝宝的户外活动都在你或其他照护者的引导和照看下进行。活动前做好户外活动及虫咬伤的防范准备，如穿上舒适的方便活动的长袖衣裤，带上小小遮阳帽。

在交流玩耍中享受优质亲子时光

什么是优质的亲子共处时光呢？当宝宝专注于自己玩耍时，你可以坐在边上，安静地观察，关注宝宝的动作，为宝宝的动作配上音，尊重宝宝的意愿，为宝宝提供自我展示和学习新技能的机会，享受陪伴宝宝的快乐；当宝宝要求分享或展示他的成就时，要及时分享宝宝的快乐，用眼神、微笑或描述性语言赞扬宝宝的能力或成就；当宝宝不知所措或向你投来求助目光时，则应及时给予必要的示范和帮助；当宝宝玩得开心高声尖叫时，你可以模仿他的表情并分享喜悦。

宝宝天生就会玩，在安全的看护和引导下，宝宝自己会玩得不亦乐乎。通过玩耍宝宝会有很多发现：两个东西触碰敲打会发出响声，球会滚而布熊不能。爸爸妈妈要克制什么都想去"教"宝宝的冲动，最好是在一边做个观察员，给宝宝的玩耍配上音，甚至是表情和语气，模仿宝宝的声音和动作，成为宝宝的玩伴。宝宝把球滚过去，你可以配上音："滚啊滚，砰，碰上大熊猫了。"宝宝不停地摇动摇铃，好奇地探索为什么有这个声音，你也可以为他的动作配上音："摇一摇，铃铃铃，听一听，脆脆的声音哪里来？"

当然，你也可以观察宝宝对什么东西感兴趣；手是怎么抓握的，用左手还是右手，是满把抓还是就用拇指和食指抓；他把什么东西放进了嘴里，他怎样运动身体，等等。你可以描述性赞扬宝宝的独自玩耍和技能学习，如"宝宝能自己玩，会抓到球了，真能干"。当你静下心来细细地观察，你会发现宝宝的"工作表现"非常出色，在玩耍中宝宝有着你意想不到的神奇能力。

　　和宝宝在一起，除了给宝宝提供平静、温暖而安全的玩耍环境，与宝宝年龄、发育水平适宜的物品外，与宝宝的回应性互动也非常重要，这不仅能增加宝宝对探索和学习的兴趣，还能增进亲子感情。对年轻的爸爸妈妈来说，坚持抽出一定的时间和宝宝玩是非常必要的。愉快的互动沟通不仅利于爸爸妈妈或家庭其他成员与宝宝建立情感纽带，也帮助宝宝理解周围的世界，了解自己和他人。

　　总之，与宝宝在一起，一定要投入你的爱心和关注，虽然并不一定要加入宝宝的玩耍，但时刻关注、分享和回应，有助于宝宝和你建立依恋和亲密的联系，促进形成敏感、回应性的有效的亲子关系，有益于宝宝的身体、认知、社会行为和情绪调控等技能的发展。

邵医生提醒

请珍惜与宝宝在一起的时光

　　在宝宝社交和情绪发育的关键期，请暂时扔掉你的手机，让宝宝避免手机、电视等的视频暴露。一定要珍惜与宝宝在一起的时光，多和宝宝交流玩耍。

爸爸妈妈

宝宝叫爸爸：

"爸爸"——（哎）

"爸爸"——（哎）

"爸爸，爸爸，"

叫得爸爸笑掉牙。

宝宝叫妈妈：

"妈妈"——（哎）

"妈妈"——（哎）

"妈妈，妈妈，"

叫得妈妈开心花。

（莫剑敏　创作）